高等院校艺术设计类专业系列教材

Illustrator 2022 平面设计应用案例教程
（全视频微课版）

苏昊 董昕 李学典 编著

清华大学出版社
北京

内容简介

本书根据用户使用Illustrator的习惯，由简到繁精心设计了50个案例，循序渐进地讲解了使用Illustrator设计和制作专业平面作品所需的知识。全书共分11章，包括Illustrator 2022软件基础、图形的基本绘制、图形对象的编辑与艺术处理、文字的特效制作与编辑应用、图形的特殊编辑制作、企业形象设计、海报设计、插画设计、广告设计、书籍装帧设计和网页设计等内容。书中采用案例教程的编写形式，在具体应用中体现软件的功能与特点。

本书提供所有案例的素材文件、源文件、教学视频，以及PPT教学课件、教案和教学大纲等立体化教学资源，并附赠40集配色设计教学课程，获取方式见前言。

本书可作为高等院校平面设计、视觉传达设计、插画设计、产品设计、服装与服饰设计等专业的教材，也可作为专业设计人员和广大设计爱好者的参考书。

本书封面贴有清华大学出版社防伪标签，无标签者不得销售。
版权所有，侵权必究。举报：010-62782989，beiqinquan@tup.tsinghua.edu.cn。

图书在版编目(CIP)数据

Illustrator 2022平面设计应用案例教程：全视频微课版 / 苏昊，董昕，李学典编著. — 北京：清华大学出版社，2023.8
高等院校艺术设计类专业系列教材
ISBN 978-7-302-64096-7

Ⅰ.①I… Ⅱ.①苏… ②董… ③李… Ⅲ.①平面设计－图形软件－高等学校－教材 Ⅳ.①TP391.412

中国国家版本馆CIP数据核字(2023)第130495号

责任编辑：李　磊
封面设计：杨　曦
版式设计：思创景点
责任校对：成凤进
责任印制：沈　露

出版发行：清华大学出版社
　　　　　网　　址：https://www.tup.com.cn，https://www.wqxuetang.com
　　　　　地　　址：北京清华大学学研大厦A座　　邮　编：100084
　　　　　社 总 机：010-83470000　　　　　　　　邮　购：010-62786544
　　　　　投稿与读者服务：010-62776969，c-service@tup.tsinghua.edu.cn
　　　　　质 量 反 馈：010-62772015，zhiliang@tup.tsinghua.edu.cn
印 装 者：三河市龙大印装有限公司
经　　销：全国新华书店
开　　本：185mm×260mm　　　　　印　张：12　　　　字　数：322千字
版　　次：2023年10月第1版　　　　印　次：2023年10月第1次印刷
定　　价：69.80元

产品编号：096852-01

前言

随着计算机成为当今人们工作和生活中不可或缺的工具，平面设计也从之前的手稿设计发展为计算机辅助设计，通过使用计算机中的平面设计软件，不但节省了设计时间，而且从根本上解决了设计人员对手绘不熟悉的问题。在所有平面设计软件中，Illustrator是一款功能强大的矢量图形设计软件，在设计界被广泛应用。

市面上的大多数Illustrator书籍都会出现理论知识讲解与实践操作不能完全融合的尴尬局面。本书为避免这种局面进行了独特设计，全书按照案例的方式将理论进行合理穿插，使读者更容易理解软件功能在设计中的应用。希望本书能够帮助读者解决学习中的难题，提高技术水平，快速成为平面设计高手。

本书特点

党的二十大报告为我国坚定推进教育高质量发展指出了明确的方向。在此背景下，本书编写组以"加快推进教育现代化，建设教育强国，办好人民满意的教育"为目标，以"强化现代化建设人才支撑"为动力，以"为实现中华民族伟大复兴贡献教育力量"为指引，进行了满足新时代新需求的创新性编写尝试。

本书内容由浅入深，以案例展开对软件功能的讲解，帮助读者尽快掌握软件的操作方法。本书具有如下特点。

- **内容全面**。本书涵盖Illustrator 2022的全部知识点，在设计中使用的各种方法和技巧都有相应的案例作为引导。
- **循序渐进**。本书由高校老师及一线设计师共同编写，从图形设计的一般流程入手，逐步引导读者学习软件操作和平面设计的各种技法。
- **通俗易懂**。本书以简洁、精练的语言讲解每一个案例和每一项软件功能，讲解清晰，前后呼应，让读者阅读更加容易，学习更加轻松。
- **案例丰富**。书中的每个案例都融入了作者多年的实践经验，每项功能都经过了技术认证，技巧全面实用，技术含量高。
- **理论与实践结合**。书中案例都围绕软件的某个重要知识点展开，与实践紧密结合，使读者更容易理解，方便掌握知识点，进而能够举一反三。

本书内容

本书采用案例教程的编写形式，兼具技术手册和应用技巧参考手册的特点，在具体应用中体现软件的功能和知识点。书中根据Illustrator的特点及用户的使用习惯，由简到繁精心设计了50个案例，循序渐进地讲解使用Illustrator设计和制作专业平面作品所需的知识。本书内容包括Illustrator

2022软件基础、图形的基本绘制、图形对象的编辑与艺术处理、文字的特效制作与编辑应用、图形的特殊编辑制作、企业形象设计、海报设计、插画设计、广告设计、书籍装帧设计和网页设计等。

本书提供所有案例的素材文件、源文件、教学视频，以及PPT教学课件、教案和教学大纲等立体化教学资源，并附赠40集配色设计教学课程。读者可直接扫描书中的二维码，观看教学视频；也可扫描右侧的二维码，将文件推送到自己的邮箱后下载获取。下载完成后，系统会自动生成多个文件夹，配套资源被分别保存在其中，将所有文件夹里的资源复制出来即可。

教学资源

读者对象

本书主要面向初、中级读者，是非常实用的入门与提高教程。书中对于软件的讲解，从必备的基础操作开始，以前没有接触过Illustrator的读者无须参照其他书籍即可轻松入门；使用过Illustrator的读者同样可以从中快速了解该软件的各种功能和知识点。

本书可作为高等院校平面设计、视觉传达设计、插画设计、产品设计、服装与服饰设计等专业的教材，也可作为专业设计人员和广大设计爱好者的参考书。

本书作者

本书由苏昊、董昕和李学典编著。本书作者具有多年丰富的教学经验和实际设计经验，在编写本书时融入自己实际授课和作品设计过程中积累下来的宝贵经验与技巧，希望读者能够在体会Illustrator强大功能的同时，将创意和设计理念通过软件操作反映到图形设计制作的视觉效果中。

由于编者水平所限，书中难免有疏漏和不足之处，敬请广大读者批评指正，提出宝贵的意见和建议。

编　者

目录

第1章　Illustrator 2022软件基础　001

案例1　新建文档 …………………………………………………… 001
案例2　打开文件 …………………………………………………… 004
案例3　置入素材 …………………………………………………… 005
案例4　查看方式 …………………………………………………… 006
案例5　位图与矢量图 ……………………………………………… 009
案例6　不同模式的显示方式 ……………………………………… 009
案例7　软件的屏幕模式 …………………………………………… 011
案例8　保存、关闭与导出文件 …………………………………… 012
本章练习 ……………………………………………………………… 015

第2章　图形的基本绘制　016

案例9　椭圆与直接选择工具：卡通小猪 ………………………… 016
案例10　渐变填充：水晶水果 ……………………………………… 020
案例11　星形工具：五角星 ………………………………………… 022
案例12　铅笔工具：卡通树人 ……………………………………… 024
案例13　矩形与圆角矩形工具：手机电量格 ……………………… 026
案例14　星形与光晕工具：空中约会 ……………………………… 028
本章练习 ……………………………………………………………… 031

第3章　图形对象的编辑与艺术处理　032

案例15　旋转复制：轮胎 …………………………………………… 032
案例16　图形样式：想象 …………………………………………… 036
案例17　建立图案：大嘴猴 ………………………………………… 038
案例18　符号喷枪：愤怒的小鸟 …………………………………… 041
案例19　路径橡皮擦：小猫 ………………………………………… 043
案例20　分割下方对象：太极球 …………………………………… 047
本章练习 ……………………………………………………………… 049

第4章 文字的特效制作与编辑应用　　051

案例21　剪贴蒙版：蒙版字 …………………………………… 051
案例22　投影与内发光：发光字 ……………………………… 053
案例23　混合：层叠字 ………………………………………… 055
案例24　扩展：创意字 ………………………………………… 058
案例25　外观：金属字 ………………………………………… 062
案例26　收缩和膨胀：刺猬字 ………………………………… 064
本章练习 …………………………………………………………… 067

第5章 图形的特殊编辑制作　　068

案例27　路径生成器工具：心形格局 ………………………… 068
案例28　混合选项：组合线条 ………………………………… 071
案例29　画笔与宽度工具：创意汽车插画 …………………… 073
案例30　复合路径：齿轮 ……………………………………… 076
案例31　偏移路径：轮廓字 …………………………………… 078
案例32　画笔描边路径：创意视觉 …………………………… 080
案例33　宽度工具：科幻 ……………………………………… 084
案例34　网格工具：吉祥物 …………………………………… 087
本章练习 …………………………………………………………… 090

第6章 企业形象设计　　092

案例35　标志设计 ……………………………………………… 094
案例36　名片设计 ……………………………………………… 097
案例37　纸杯设计 ……………………………………………… 100
案例38　T恤设计 ……………………………………………… 103
案例39　道旗设计 ……………………………………………… 105
案例40　手提兜设计 …………………………………………… 107
本章练习 …………………………………………………………… 110

第7章 海报设计　　111

案例41　旅游海报 ……………………………………………… 114
案例42　汽车宣传海报 ………………………………………… 121
本章练习 …………………………………………………………… 127

第8章　插画设计　128

案例43　回家路 …………………………………………… 130
案例44　夜 ………………………………………………… 136
本章练习 …………………………………………………… 143

第9章　广告设计　144

案例45　啤酒广告 ………………………………………… 145
案例46　手机广告 ………………………………………… 151
本章练习 …………………………………………………… 155

第10章　书籍装帧设计　156

案例47　宣传册封面设计 ………………………………… 158
案例48　技术类图书封面设计 …………………………… 166
本章练习 …………………………………………………… 171

第11章　网页设计　172

案例49　汽车网页界面设计 ……………………………… 174
案例50　学校网页界面设计 ……………………………… 179
本章练习 …………………………………………………… 184

习题答案 …………………………………………………… 184

Illustrator 2022软件基础

本章主要讲解Illustrator 2022中文件的新建、打开、保存和关闭,以及导入素材、页面设置、查看方式、显示方式等操作,使读者对Illustrator的工作窗口和操作中的一些基础知识有初步的了解,以方便读者对后续内容的学习。

案例1 新建文档

教学视频

本案例的目的是让读者了解在Illustrator 2022中新建文档的方法和过程。

案例 重点

- 启动Illustrator 2022
- "新建文档"对话框
- 从菜单新建文档
- 从模板新建文档

案例 步骤

从菜单新建文档

01 单击桌面左下方的"开始"按钮,在弹出菜单中将鼠标指针移动至"所有程序"命令上,在其右侧展开下一级菜单,再将鼠标指针移动至Adobe命令,展开下一级菜单,并将鼠标指针移动至Adobe Illustrator 2022命令,如图1-1所示。

图1-1 启动菜单

提示

如果在计算机桌面上创建有Illustrator 2022的快捷方式，在 Ai 图标上双击，也可快速启动Illustrator 2022。

02 → 在Adobe Illustrator 2022命令上单击，即可启动Adobe Illustrator 2022，启动界面如图1-2所示。系统默认会打开Adobe Illustrator 2022的软件界面，如图1-3所示。

图1-2　启动界面

图1-3　Illustrator 2022软件界面

03 → 执行菜单中的"文件">"新建"命令，系统会打开图1-4所示的"新建文档"对话框。

图1-4　"新建文档"对话框

04 → 设置完毕后单击"创建"按钮，系统自动新建一个空白文档，此时的Illustrator 2022工作界面如图1-5所示。

技巧

除了通过执行菜单中的"文件">"新建"命令新建文档外，还可以按快捷键Ctrl+N，快速创建一个新的文档。

第1章　Illustrator 2022软件基础

图1-5　工作界面

提示

如果在菜单命令的右侧有一个向右的箭头符号 >，表示该菜单命令含有下级菜单，只要将鼠标指针移动至该菜单命令上，即可打开其下级菜单；如果在菜单命令的右侧有省略号"…"，则执行此命令后将会打开与之相关的对话框。

知识拓展

工作界面中各组成部分如下。

- 菜单栏：位于整个窗口的顶端，包括9个菜单，Illustrator 2022所有的菜单命令被集合分类放置在其中，利用这些菜单命令可以完成大部分图形编辑工作。除了菜单命令，还显示了当前应用程序的名称、相应功能的快捷图标、相应功能对应工作区的快速设置，以及用于控制文档窗口显示大小的窗口最小化、窗口最大化(还原窗口)、关闭窗口等几个快捷按钮。
- 属性栏(选项栏)：位于菜单栏的下方，选择不同工具时会显示该工具对应的属性栏(选项栏)。
- 工具箱：通常位于工作界面的左侧，由多组工具组成。
- 工作窗口：在标题栏中显示当前打开文件的名称、颜色模式等信息，在下面的大面积区域可用于绘制和编辑图形。
- 状态栏：显示当前文件的显示百分比和一些编辑信息，如文档大小、当前工具等。
- 面板组：位于工作界面的右侧，将常用的面板集合到一起。

从模板新建文档

01 → 执行菜单中的"文件">"从模板新建"命令，打开"从模板新建"对话框，如图1-6所示。

图1-6　"从模板新建"对话框

003

02 → 在该对话框中选择一个AI格式文件，单击"新建"按钮，如图1-7所示。

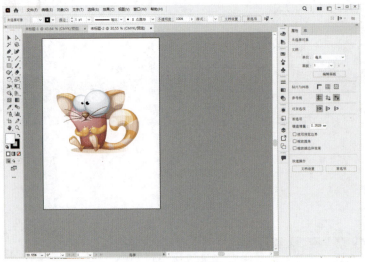

图1-7 新建的模板文件

案例2 打开文件

教学视频

以打开"小鸟"文件为例，讲解菜单中"文件">"打开"命令的使用方法，以及其他打开文件的方法。

案例 重点
- 打开"打开"对话框
- 打开"小鸟"文件

案例 步骤

01 → 启动Illustrator 2022。

02 → 执行菜单中的"文件">"打开"命令，在弹出的"打开"对话框中选择"小鸟"文件，如图1-8所示。

图1-8 "打开"对话框

技巧

按快捷键Ctrl+O，可以直接弹出"打开"对话框，从中选择并快速打开文件；在文件名称上双击也可打开该文件。

第1章　Illustrator 2022软件基础

03 → 单击"打开"按钮，打开"小鸟"文件，如图1-9所示。

图1-9　打开"小鸟"文件

技 巧

高版本的Illustrator可以打开低版本的AI格式文件，但低版本的Illustrator不能打开高版本的AI格式文件。解决的方法是在保存文件时选择相应的低版本即可。

提示

安装Illustrator后，系统可自动识别AI格式的文件，在AI格式的文件上双击，无论Illustrator当前是否启动，都可打开该文件。

案例3　置入素材

教学视频

在使用Illustrator绘图时，有时需要从外部导入非Illustrator制作的文件。下面通过案例讲解导入非Illustrator制作的外部素材的方法。

案例　重点

- 打开"置入"对话框
- 置入图片

案例　步骤

01 → 执行菜单中的"文件">"新建"命令，新建一个空白文档。
02 → 执行菜单中的"文件">"置入"命令，如图1-10所示。
03 → 打开"置入"对话框，在其中选择附赠资源中的"素材\第1章\文化海报"素材，如图1-11所示。
04 → 单击"置入"按钮，此时该图片会被导入文档中，单击属性栏中的"嵌入"按钮，可将该图片置入文档中，如图1-12所示。

005

图1-10 执行"置入"命令

图1-11 选择置入的图片

图1-12 置入的图片

案例4 查看方式

教学视频

在绘制图形时,为了方便用户调整图形的整体和局部效果,可以按需要缩放和调整视图的显示模式。

案例 重点

- 使用状态栏中的"缩放级别"功能放大视图
- 运用缩放工具单击放大
- 运用缩放工具局部放大
- 运用缩放工具显示100%大小
- 运用抓手工具按照界面显示全部
- 使用"导航器"面板显示图形

案例 步骤

01 新建一个空白文档。

02 → 执行菜单中的"文件">"打开"命令,在弹出的"打开"对话框中,选择并打开附赠资源中的"素材\第1章\小鸟"素材,如图1-13所示。

03 → 在状态栏中单击"缩放级别"右侧的 ˇ 按钮,在弹出的下拉列表中选择"100%"选项。

04 → 按Enter键,图形在页面中将以100%显示,如图1-14所示。

05 → 在工具箱中选择 (缩放工具),在文档中单击,可以将图形放大;框选图形松开鼠标后即可放大图形,如图1-15所示。

图1-13 打开素材

图1-14 100%显示状态

单击放大

框选

框选放大

图1-15 放大

> **技巧**
>
> 使用 🔍(缩放工具)缩放图形时，按住Alt键单击图形可以将其缩小，如图1-16所示。

图1-16　缩小

06→ 在 🔍(缩放工具)按钮上双击，会使文档按100%显示，如图1-17所示。

07→ 在 ✋(抓手工具)按钮上双击，会使文档按当前界面显示全部页面，如图1-18所示。

图1-17　100%显示

图1-18　显示全部页面

08→ 使用"导航器"面板也可以控制图形的显示比例。拖动三角形滑块(缩放滑块按钮)可以自由地将图形放大或缩小。在左下角的数值框中输入数值后，按Enter键也可以将图形放大或缩小，单击面板中的 ▲(放大按钮)或 ▲(缩小按钮)，可以按一定的比例放大或缩小图形，如图1-19所示。

图1-19　"导航器"面板

第1章　Illustrator 2022软件基础

案例5　位图与矢量图

教学视频

在设计之前，读者需要先对设计的图形图像有一定的了解。本案例主要讲解位图与矢量图的区别。

案例重点
- 位图
- 矢量图

案例步骤

01 → 新建一个空白文档，置入一幅位图和一幅矢量图。

02 → 位图图像也叫作点阵图，是由许多不同色彩的像素组成的。与矢量图形相比，位图图像可以更逼真地表现自然界的景物。位图图像与分辨率有关，当放大位图图像时，位图中的像素增大，图像的线条将会显得参差不齐，这是像素被重新分配到网格中的缘故。此时可以看到构成位图图像的无数个单色块，因此放大位图或在比图像本身的分辨率低的输出设备上显示位图时，将会丢失其中的细节，并呈现出锯齿，如图1-20所示。

03 → 矢量图形是使用数学方式描述的曲线，及由曲线围成的色块组成的面向对象的绘图图形。矢量图形中的图形元素叫作对象，每个对象都是独立的，具有各自的属性，如颜色、形状、轮廓、大小和位置等。由于矢量图形与分辨率无关，因此无论如何改变图形的大小，都不会影响图形的清晰度和平滑度。图1-21为原图放大3倍和放大24倍后的效果。

图1-20　放大8倍后的效果

提示

矢量图形进行任意缩放都不会影响分辨率，矢量图形的缺点是不能表现色彩丰富的自然景观与色调丰富的图像。

3:1

24:1

图1-21　矢量图放大

案例6　不同模式的显示方式

教学视频

Illustrator支持多种显示模式，包括预览模式、轮廓模式、叠印预览模式和像素预览模式4种。本案例主要学习运用Illustrator的显示模式，释放计算机资源，提高软件的运行速度。

009

案例 重点
- 熟悉预览模式的显示状态
- 熟悉叠印预览模式的显示状态
- 熟悉轮廓模式的显示状态
- 熟悉像素预览模式的显示状态

案例 步骤

01 打开附赠资源中的"素材\第1章\想象"素材,如图1-22所示。

02 执行菜单中的"视图">"轮廓"命令,只显示对象的轮廓,其单色填充和渐变填充等效果都被隐藏,可更方便、快捷地选择和编辑对象,效果如图1-23所示。

图1-22 打开素材

技巧

按快捷键Ctrl+Y,可以在"轮廓"与"在CPU上预览"显示状态之间转换。

图1-23 轮廓模式效果

03 执行菜单中的"视图">"在CPU上预览"命令,此时会将轮廓模式转换成预览模式。

04 执行菜单中的"视图">"叠印预览"命令,此时可将当前视图快速切换到叠印预览模式,效果如图1-24所示。

图1-24 叠印预览模式效果

提示

"在CPU上预览"即预览模式,在该模式下会显示图形的大部分细节,如颜色及各对象的位置关系等,而且色彩显示与打印的效果十分接近。但是它占用的内存比较大,如果图形较复杂时,显示或刷新速度比较慢。

第1章　Illustrator 2022软件基础

05→ 执行菜单中的"视图">"像素预览"命令,此模式可以将绘制的矢量图形转换为位图显示,这样可以有效地控制图像的精确度和尺寸等。在不改变显示比例的情况下,效果与叠印预览模式一样,使用(缩放工具)放大后,图像会失真,出现明显的像素点,效果如图1-25所示。

图1-25　像素预览模式效果

案例7　软件的屏幕模式

教学视频

Illustrator 2022的屏幕显示模式共有4种,分别为"正常屏幕模式""带有菜单栏的全屏模式""全屏模式"和"演示文稿模式"。

案例重点

- 正常屏幕模式
- 带有菜单栏的全屏模式
- 全屏模式

案例步骤

01→ 打开附赠资源中的"素材\第1章\小猫"素材。

02→ 单击工具箱中的 ▭ "更改屏幕模式"按钮(快捷键为F),可以在几种模式之间转换。

- "正常屏幕模式"包括菜单栏、工具箱、面板和状态栏,效果如图1-26所示。
- "带有菜单栏的全屏模式"包括菜单栏、工具箱和面板,状态栏被隐藏,如图1-27所示。
- "全屏模式"只显示状态栏,其他都被隐藏,如图1-28所示。

图1-26　正常屏幕模式

011

图1-27 带有菜单栏的全屏模式

技巧

选择"演示文稿模式"时，会将文档中的每个画板都单独以演示文稿的形式进行预览，按键盘上的左右键可以进行画板切换。

图1-28 全屏模式

案例8 保存、关闭与导出文件

教学视频

本案例学习在Illustrator中保存、关闭和导出文件的操作。

案例重点

- 打开"存储为"对话框
- 输入文件名
- 选择存储路径和文件夹
- 保存文件
- 关闭文件

案例步骤

保存文件

"存储"或"存储为"命令可以将新建文件或处理完的文件进行保存。

01 完成之前的操作。

02→ 如果是第一次保存，执行菜单中的"文件">"存储"命令，即可打开图1-29所示的"存储为"对话框；如果要对编辑过的文件重新保存，执行"文件">"存储为"命令，同样可以打开"存储为"对话框，在该对话框中选择保存文件的路径和文件夹，在"文件名"文本框中输入文件名。

图1-29 打开"存储为"对话框

技巧

按快捷键Ctrl+S，也可以打开"存储为"对话框，快速保存文件。

提示

"保存类型"下拉列表中的"Adobe Illustrator(*.AI)"格式为Illustrator的标准格式，可方便用户在下次打开时对所绘制的图形进行修改。

03→ 单击"保存"按钮，即可对文件进行保存。

提示

已经保存的文件再次进行修改后，可执行菜单中的"文件">"存储"命令，直接保存文件。此时不再弹出"存储为"对话框。也可将文件换名保存，即执行菜单中的"文件">"存储为"命令，在弹出的"存储为"对话框中重复前面的操作，在"文件名"文本框中重新更换一个文件名，再进行保存。

技巧

通过按快捷键Ctrl+Shift+S，可在"存储为"对话框的"文件名"文本框中使用新名称保存绘图。

关闭文件

"关闭"命令可以将当前的工作窗口关闭。

01 → 执行菜单中的"文件">"关闭"命令,或单击菜单栏右侧的 × 按钮,如图1-30所示。

02 → 此时,如果文件没有任何改动,则文件将直接关闭。如果文件进行了修改,将弹出图1-31所示的提示对话框。

图1-30 关闭文件

图1-31 提示对话框

提示

单击"是"按钮,保存文件的修改,并关闭文件;单击"否"按钮,将关闭文件,不保存文件的修改;单击"取消"按钮,取消文件的关闭操作。

技巧

按快捷键Ctrl+W可以快速对当前工作窗口进行关闭。

导出文件

"导出"命令可以将当前编辑的AI格式文件导出为其他格式文件。

01 → 执行菜单中的"文件">"导出">"导出为"命令,打开"导出"对话框,在"保存类型"下拉列表中选择JPEG格式,设置文件名称和保存路径,如图1-32所示。

图1-32 导出文件

02 → 设置完毕后单击"导出"按钮，打开图1-33所示的对话框。

03 → 单击"确定"按钮，完成文件的导出。

图1-33 "JPEG选项"对话框

本章练习

练习

1. 新建空白文档。
2. 置入"素材\第1章\创意图案"素材。

习题

1. 在Illustrator工具箱的底部可设置几种不同的窗口显示模式：正常屏幕模式、带有菜单栏的全屏模式和全屏模式。在英文输入状态下，按下列哪个键可在这几种显示模式之间进行切换？（　　）

　　A. Alt键　　　B. Ctrl键　　　C. Shift键　　　D. F键

2. 在Illustrator中，按下哪个键可以将当前所选工具切换到选择工具？（　　）

　　A. Alt键　　　B. Ctrl键　　　C. Shift键　　　D. F键

3. 在Illustrator中，如果当前文件中的图形复杂，为了加快屏幕刷新速度，最直接、快速和简单的方式是什么？（　　）

　　A. 增加运行所需的内存

　　B. 增加运行所需的显示内存

　　C. 将当前不编辑的部分隐藏

　　D. 通过执行菜单中的"视图">"轮廓"命令使图形只显示线条部分

第2章 图形的基本绘制

本章主要讲解使用Illustrator的基本几何工具进行绘图的方法。在绘制过程中，让读者对Illustrator的基本几何工具有详细的了解，从而提升日后创作的基本功，跟随本章的案例讲解可以更加容易地掌握Illustrator的绘图功能。

案例9 椭圆与直接选择工具：卡通小猪

本案例的目的是让读者了解在Illustrator中使用椭圆工具的方法，结合直接选择工具制作基本图形，最终组合成卡通小猪，图2-1为其绘制流程图。

教学视频

图2-1 绘制流程图

案例 重点

- 使用椭圆工具
- 简单填充的方法
- 使用直接选择工具
- 使用螺旋线工具
- 使用直线段工具
- 实时上色

案例 步骤

01 → 执行菜单中的"文件">"新建"命令,打开"新建文档"对话框,新建一个"宽度"为150mm、"高度"为150mm的空白文档,其他参数设置如图2-2所示。

02 → 设置完毕后单击"创建"按钮,此时系统会自动新建一个空白文档。使用 ◯(椭圆工具)在文档中绘制一个圆形,如图2-3所示。

图2-2 "新建文档"对话框

图2-3 绘制圆形

提示

在Illustrator中绘制椭圆时,选择工具后,在文档中选择起点,按住鼠标左键向对角方向拖动,松开鼠标即可绘制椭圆,如图2-4所示。其他几何绘图工具的使用方法与椭圆工具类似。

图2-4 椭圆绘制过程

提示

在Illustrator中绘制几何图形时,选择工具后,在文档中双击,在打开的对话框中设置宽度与高度后,单击"确定"按钮,可以创建更加精确、标准的几何图形,如图2-5所示。

图2-5 创建标准几何形

技巧

在Illustrator中绘制椭圆或矩形时,按住Shift键绘制,会直接绘制正圆或正方形;按住Alt键绘制,会以起始点为中心点绘制椭圆或矩形;按住Shift+Alt键绘制,会以起始点为中心点绘制正圆或正方形。

03 → 使用 ▷(直接选择工具)选择最上面的锚点,向上拖动改变圆形的形状,如图2-6所示。

04 → 双击工具箱中的填色工具,打开"拾色器"对话框,设置要填充的颜色,如图2-7所示。

图2-6 调整形状　　　　　　　　　　图2-7 设置填充颜色

> **提示**
> 在Illustrator中，选择要填充的图形并设置填充选项后，会直接将选择的颜色填充到图形中。

05→ 设置完毕后单击"确定"按钮，填充小猪头部颜色，如图2-8所示。
06→ 使用◯(椭圆工具)绘制小猪的鼻子，填充为淡粉色，如图2-9所示。
07→ 使用◯(椭圆工具)绘制正圆的鼻孔，填充为黑色，如图2-10所示。

图2-8 填充颜色　　　　图2-9 绘制鼻子　　　　　　图2-10 绘制鼻孔

08→ 下面绘制眼睛，使用◯(椭圆工具)绘制白色正圆，如图2-11所示。
09→ 使用▷(直接选择工具)选择最上面的锚点，向上拖动改变正圆的形状，如图2-12所示。
10→ 绘制黑色正圆形的眼珠和里面的白色高光图形，如图2-13所示。

图2-11 绘制正圆　　　　图2-12 调整形状　　　　　图2-13 绘制眼珠

11→ 按住Shift键，使用▶(选择工具)在眼睛、眼珠和高光图形上单击，将其一同选中，按住Alt键向左拖动，松开鼠标后，系统会自动复制一个副本，效果如图2-14所示。
12→ 双击▷◁(镜像工具)按钮，打开"镜像"对话框，参数设置如图2-15所示，单击"确定"按钮对图形进行镜像。
13→ 下面绘制卡通小猪的嘴部，先绘制一个白色椭圆，再使用▷(直接选择工具)选择锚点进行形状调整，效果如图2-16所示。

14 → 使用 ◢(直线段工具)绘制嘴中的牙齿,效果如图2-17所示。

图2-14 选择与复制

图2-15 镜像

图2-16 绘制椭圆

图2-17 绘制牙齿

15 → 将牙齿与嘴一同选中,使用 ▣(实时上色工具)在一颗牙齿上单击,为其填充黑色,效果如图2-18所示。

16 → 下面绘制头发,绘制一个黑色椭圆,使用 ▷(直接选择工具)调整形状,效果如图2-19所示。

图2-18 填充颜色　　　　　　　　　图2-19 绘制头发

17 → 下面绘制汗珠,绘制一个白色椭圆,使用 ▷(直接选择工具)调整形状,效果如图2-20所示。

18 → 下面绘制耳朵,绘制一个与头部颜色一致的椭圆,使用 ▷(直接选择工具)调整形状,效果如图2-21所示。

图2-20 绘制汗珠

19 → 执行菜单中的"对象">"排列">"置于底层"命令,或按快捷键Shift+Ctrl+[,调整顺序,再使用绘制眼睛的方法复制另一边的耳朵并镜像翻转,效果如图2-22所示。

图2-21 绘制耳朵

图2-22 改变顺序并镜像翻转

20 → 下面绘制小猪的身体,使用 ◯(椭圆工具)绘制一个与头部颜色一致的椭圆,使用 ▷(直接选择工具)调整形状,效果如图2-23所示。

21 → 使用 ◉(螺旋线工具)绘制螺旋状的肚脐,效果如图2-24所示。

22 ▶ 下面绘制小猪的脚，使用 ◯(椭圆工具)绘制一个与头部颜色一致的椭圆，再使用 ╱(直线段工具)在椭圆中间绘制一条直线，如图2-25所示。

图2-23 绘制身体　　　图2-24 绘制肚脐　　　图2-25 绘制脚

23 ▶ 框选直线与椭圆，使用 🪣(实时上色工具)在下半圆上单击，为其填充黑色，效果如图2-26所示。

24 ▶ 使用 ▷(直接选择工具)调整形状，效果如图2-27所示。

25 ▶ 使用 ◈(橡皮擦工具)在上面单击，将轮廓与填充都擦除一些，效果如图2-28所示。

26 ▶ 使用 ▶(选择工具)选择猪脚，复制后移动至相应位置，拖动控制点调整方向，如图2-29所示。

27 ▶ 绘制椭圆，填充与头部一样的颜色，调整形状将其作为猪尾巴，再将顺序调整到最后面，完成本例的制作，最终效果如图2-30所示。

图2-26 上色　　图2-27 调整形状　　图2-28 擦除　　图2-29 调整　　图2-30 最终效果

案例10　渐变填充：水晶水果

教学视频

本案例的目的是让读者了解在Illustrator中使用椭圆工具、直接选择工具并与渐变填充相结合绘制水晶水果图形的方法，图2-31为其绘制流程图。

图2-31 绘制流程图

案例 重点

- 使用椭圆工具
- 使用直接选择工具
- 渐变填充

案例 步骤

01 → 执行菜单中的"文件">"新建"命令，新建一个"宽度"为180mm、"高度"为100mm的空白文档。选择 ◯(椭圆工具)，按住Shift键在文档中绘制一个正圆，如图2-32所示。

02 → 正圆绘制完毕后，使用 ✎(添加锚点工具)在正圆的轮廓路径上单击，添加锚点，如图2-33所示。

图2-32 绘制正圆

图2-33 添加锚点

提示

使用 ✎(添加锚点工具)为路径添加锚点时，可将鼠标指针移动至路径上，此时在路径上会出现一个+号，在此单击即可添加锚点；使用 ✎(删除锚点工具)为路径删除锚点时，可将鼠标指针移动至锚点上，此时在锚点上会出现一个-号，在此单击即可删除锚点，如图2-34所示。

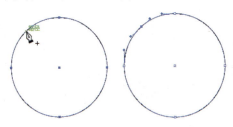
图2-34 添加与删除锚点

03 → 使用 ▷(直接选择工具)调整正圆的形状，效果如图2-35所示。

04 → 执行菜单中的"窗口">"渐变"命令，打开"渐变"面板，设置"渐变类型"为"径向"，设置从左到右的渐变颜色为淡绿色、草绿色和深绿色，如图2-36所示。

05 → 使用 ▣(渐变工具)在图形中拖动，为其填充渐变色，效果如图2-37所示。

06 → 使用 ◯(椭圆工具)绘制一个白色椭圆，取消轮廓后，使用 ▷(直接选择工具)调整形状，效果如图2-38所示。

图2-35 调整形状

图2-36 设置渐变

图2-37 填充渐变

图2-38 调整形状

07 → 选择调整后的图形，在属性栏中设置"不透明度"为30%，效果如图2-39所示。

08 → 使用◯(椭圆工具)绘制一个棕色的椭圆，使用▷(直接选择工具)调整形状，设置"不透明度"为30%，效果如图2-40所示。

09 → 使用✏(铅笔工具)绘制水果的柄，如图2-41所示。

10 → 在"渐变"面板中，设置"渐变类型"为"线性"，渐变色为从淡棕色到棕色，如图2-42所示。

图2-39 调整透明度　　图2-40 调整形状　　图2-41 绘制柄

11 → 使用◯(椭圆工具)绘制一个椭圆，使用▷(直接选择工具)调整形状，将其调整为树叶形，如图2-43所示。

12 → 在"渐变"面板中，设置从淡绿色到绿色的径向渐变，使用▣(渐变工具)在图形中拖动填充渐变色，效果如图2-44所示。

图2-42 填充渐变色　　　　图2-43 调整为树叶形

13 → 水晶水果图形制作完毕，效果如图2-45所示。

14 → 使用同样的方法制作另外两种颜色的水晶水果，最终效果如图2-46所示。

图2-44 填充渐变色　　　图2-45 水晶水果　　　　图2-46 最终效果

案例11　星形工具：五角星

教学视频

本案例的目的是让读者了解在Illustrator中使用星形工具、直线段工具和实时上色工具绘制五角星的方法，图2-47为其绘制流程图。

图2-47 绘制流程图

案例 重点
- 使用星形工具
- 使用直线段工具
- 拖出参考线
- 使用实时上色工具

案例 步骤

01→ 执行菜单中的"文件">"新建"命令，新建一个"宽度"为180mm、"高度"为160mm的空白文档。使用 ☆(星形工具)在文档中单击，打开"星形"对话框，参数设置如图2-48所示。

02→ 单击"确定"按钮，完成操作，按快捷键Ctrl+R调出标尺，从标尺处按住鼠标左键将参考线拖动至星形中，如图2-49所示。

03→ 使用 ▷(直接选择工具)调整形状，效果如图2-50所示。

图2-48 设置星形　　　　图2-49 调出标尺并调整位置　　　　图2-50 调整形状

04→ 使用 ╱(直线段工具)绘制线段，如图2-51所示。

05→ 框选对象，使用 ▨(实时上色工具)在星形上填充，效果如图2-52所示。

06→ 全部填充完毕后，完成本例的制作，最终效果如图2-53所示。

图2-51 绘制线段　　　　图2-52 填充对象　　　　图2-53 最终效果

案例12　铅笔工具：卡通树人

教学视频

本案例的目的是让读者了解在Illustrator中结合使用铅笔工具、直接选择工具和渐变工具绘制卡通树人的方法，图2-54为其绘制流程图。

图2-54　绘制流程图

案例　重点

- 使用铅笔工具
- 使用渐变工具
- 使用直接选择工具
- 使用"渐变"面板
- 高斯模糊

案例　步骤

01 → 执行菜单中的"文件">"新建"命令，新建一个"宽度"为180mm、"高度"为160mm的空白文档。使用 ✎(铅笔工具)在文档中绘制树冠形状，如图2-55所示。

02 → 绘制树冠后，执行菜单中的"窗口">"渐变"命令，打开"渐变"面板，参数设置如图2-56所示。

03 → 渐变设置完毕后，使用 ▣(渐变工具)在树冠内拖动鼠标填充渐变色，如图2-57所示。

图2-55　绘制树冠　　　图2-56　设置渐变　　　

图2-57　填充渐变色

04 → 选择 ✎(铅笔工具)，在树冠上绘制路径，如图2-58所示。

05 → 在工具箱中设置填充颜色为淡绿色，效果如图2-59所示。

06 → 选择 ✎(铅笔工具)，使用同样的方法在树冠上绘制其他的路径并填充淡绿色，如图2-60

所示。

07→ 在工具箱中设置"描边"为无填充，将树冠上的轮廓取消，效果如图2-61所示。

图2-58 绘制曲线　　　图2-59 填充颜色　　　图2-60 绘制并填充图形　　　图2-61 取消轮廓

08→ 下面绘制树干，使用 (铅笔工具)绘制树干的大致形状，使用 (直接选择工具)拖动锚点，将其调整得更加细致一些，将路径填充为棕色，如图2-62所示。

09→ 绘制一个与树干形状相似的高光，如图2-63所示。

10→ 将树干选中后，取消轮廓，按快捷键Shift+Ctrl+[将其放置到最底层，如图2-64所示。

图2-62 绘制路径并填充　　　图2-63 绘制高光　　　图2-64 排列

11→ 下面绘制眼睛，使用 (椭圆工具)绘制描边为黑色的白色正圆，使用 (直接选择工具)拖动锚点对其调整，如图2-65所示。

12→ 使用 (椭圆工具)绘制黑色正圆和白色椭圆，如图2-66所示。

13→ 使用同样的方法绘制另一只眼睛，效果如图2-67所示。

图2-65 绘制并调整图形　　　图2-66 绘制图形　　　图2-67 绘制眼睛

14→ 下面绘制眉毛，先绘制一个黑色椭圆，使用 (直接选择工具)调整形状，效果如图2-68所示。

15→ 双击 (镜像工具)按钮，打开"镜像"对话框，选择"垂直"单选项，单击"复制"按钮，效果如图2-69所示。

16→ 使用 (选择工具)将眉毛副本移动至另一面，效果如图2-70所示。

17→ 下面绘制嘴巴，使用 (椭圆工具)绘制椭圆，使用 (直接选择工具)拖动锚点调整形状，效果如图2-71所示。

025

图2-68 绘制眉毛　　　　图2-69 复制对象　　　　图2-70 移动对象

(18)→ 绘制几个正圆，分别为鼻孔、嘴角，完成脸部绘制，效果如图2-72所示。

(19)→ 在树的底部绘制一个黑色椭圆作为阴影，效果如图2-73所示。

图2-71 嘴巴　　　　图2-72 脸部　　　　图2-73 阴影

(20)→ 执行菜单中的"效果">"模糊">"高斯模糊"命令，打开"高斯模糊"对话框，参数设置如图2-74所示。

(21)→ 设置完毕后单击"确定"按钮，按快捷键Shift+Ctrl+[将阴影排列到最底层，至此本例制作完毕，最终效果如图2-75所示。

图2-74 "高斯模糊"对话框　　　　图2-75 最终效果

案例13　矩形与圆角矩形工具：手机电量格

本案例的目的是让读者了解在Illustrator中使用矩形工具、圆角矩形工具和渐变填充相结合绘制手机电量格的方法，图2-76为其绘制流程图。

教学视频

图2-76 绘制流程图

案例 重点

- 使用矩形工具
- 使用圆角矩形工具
- 使用"渐变"面板

案例 步骤

01 → 执行菜单中的"文件">"新建"命令,新建一个空白文档。使用 ▭(圆角矩形工具)在文档中单击后,在打开的"圆角矩形"对话框中设置参数,绘制一个圆角矩形,如图2-77所示。

02 → 执行菜单中的"窗口">"渐变"命令,打开"渐变"面板,参数设置如图2-78所示。

图2-77 绘制圆角矩形

从左到右的颜色依次为
(C:85 M:50 Y:0 K:0)、
(C:100 M:95 Y:5 K:0)

图2-78 设置渐变

03 → 设置描边颜色为无色,效果如图2-79所示。

04 → 使用 ▭(矩形工具)绘制一个描边颜色为无色,填充为白色的矩形,如图2-80所示。

05 → 使用 ▭(圆角矩形工具)在文档相应位置绘制圆角矩形,如图2-81所示。

图2-79 描边颜色为无

图2-80 绘制矩形

图2-81 绘制圆角矩形

06 → 圆角矩形绘制完毕后,使用 ⬚(吸管工具)在填充渐变色的区域内单击,为其填充一样的颜色,如图2-82所示。

07 → 使用 ▶(选择工具)选择小圆角矩形,按住Alt键向右移动,放开鼠标后即可复制一个副本,如图2-83所示。

图2-82 吸管工具

图2-83 复制

08 → 使用 ▶(选择工具)向上拖动上面的锚点,向下拖动下面的锚点,将圆角矩形变长,复制6个副本,如图2-84所示。

09 → 将里面的7个圆角矩形一同选中,单击属性栏中的"垂直顶端对齐"按钮和"水平左分布"按钮,效果如图2-85所示。

图2-84 变长与复制

图2-85 对齐与分布

⑩ 执行对齐与分布操作后，将选中的对象向中间稍微移动位置，效果如图2-86所示。

⑪ 绘制一个白色矩形，使用 ▶(直接选择工具)拖动锚点，改变形状，效果如图2-87所示。

图2-86 移动对象

图2-87 绘制矩形并调整形状

⑫ 在属性栏中设置"不透明度"为20%，效果如图2-88所示。

⑬ 至此本例制作完毕，最终效果如图2-89所示。

图2-88 设置不透明度

图2-89 最终效果

案例14 星形与光晕工具：空中约会

本案例的目的是让读者了解在Illustrator中使用星形工具、光晕工具和直接选择工具结合绘制"空中约会"插画的方法，图2-90为其绘制流程图。

教学视频

图2-90 绘制流程图

案例 重点

- 应用"置入"命令
- 高斯模糊
- 外发光
- 使用星形工具
- 使用光晕工具

案例 步骤

① 执行菜单中的"文件">"新建"命令，打开"新建文档"对话框，参数设置如图2-91

所示。

02 → 设置完毕后单击"创建"按钮,新建一个空白文档。执行菜单中的"文件">"置入"命令,置入附赠资源中的"素材\第2章\背景"素材,在属性栏中单击"嵌入"按钮,将文件直接嵌入新建的文档中,如图2-92所示。

03 → 置入附赠资源中的"素材\第2章\月亮"素材,单击"嵌入"按钮,将素材移动至相应位置,如图2-93所示。

图2-91 "新建文档"对话框

图2-92 置入素材1

图2-93 置入素材2

04 → 设置"不透明度"为60%,效果如图2-94所示。

05 → 使用 ◯ (椭圆工具)在文档中绘制一个与月亮大小一致的白色正圆,如图2-95所示。

06 → 执行菜单中的"效果">"模糊">"高斯模糊"命令,打开"高斯模糊"对话框,参数设置如图2-96所示。

图2-94 设置不透明度

图2-95 绘制白色正圆

图2-96 "高斯模糊"对话框

07 → 设置完毕后单击"确定"按钮,设置"不透明度"为50%,效果如图2-97所示。

08 → 置入附赠资源中的"素材\第2章\云彩"素材,单击"嵌入"按钮,将素材移动至相应位置,设置"不透明度"为70%,效果如图2-98所示。

09 → 置入附赠资源中的"素材\第2章\人物"素材,单击"嵌入"按钮,将素材移动至相应位置,效果如图2-99所示。

图2-97 高斯模糊效果

图2-98 置入素材1

图2-99 置入素材2

⑩ 执行菜单中的"效果">"风格化">"外发光"命令，打开"外发光"对话框，参数设置如图2-100所示。

⑪ 设置完毕后单击"确定"按钮，效果如图2-101所示。

⑫ 使用☆(星形工具)在背景上绘制白色四角星形，使用▷(直接选择工具)调整形状，效果如图2-102所示。

图2-100 "外发光"对话框

图2-101 外发光效果

图2-102 绘制四角星形

技巧

在使用☆(星形工具)绘制星形时，绘制过程中按键盘上的向上与向下键可以改变星形的数值。

⑬ 复制多个星形，移动至相应的位置，将星形全部选中，效果如图2-103所示。

⑭ 执行菜单中的"效果">"模糊">"高斯模糊"命令，打开"高斯模糊"对话框，参数设置如图2-104所示。

图2-103 复制星形

图2-104 "高斯模糊"对话框

⑮ 设置完毕后单击"确定"按钮，效果如图2-105所示。

⑯ 使用(光晕工具)在人物处绘制光晕，完成本例的制作，最终效果如图2-106所示。

图2-105 模糊效果

图2-106 最终效果

本章练习

练习

1. 对基本几何工具进行逐个练习。
2. 通过直接选择工具对绘制的图形进行精确编辑。
3. 掌握使用填充工具渐变填充的方法。

习题

1. 以下不属于矩形工具组中的工具是哪个？（　　）
   A. 矩形工具　　　B. 直接选择工具　　　C. 椭圆工具　　　D. 星形工具
2. 当使用☆(星形工具)绘制星形时，按住以下哪个键可以将绘制的星形进行移动？（　　）

   A. Enter键　　　B. Esc键　　　C. 空格键　　　D. Ctrl键
3. 使用○(椭圆工具)绘制正圆时，需按住键盘上的哪个键？（　　）
   A. Enter键　　　B. Esc键　　　C. Shift键　　　D. Ctrl键
4. 使用▶(选择工具)在文档中选择多个图形时，除了框选外，还可以按住键盘上的哪个键单击进行多选？（　　）
   A. Enter键　　　B. Esc键　　　C. Shift键　　　D. Ctrl键
5. 按下面哪个键，可以在当前使用的工具与▶(选择工具)之间相互切换？（　　）
   A. Enter键　　　B. 空格键　　　C. Shift键　　　D. Ctrl键
6. 使用○(多边形工具)绘制多边形的过程中，按哪个键可以减少多边形的边数？（　　）

   A. 向上键　　　B. 向下键　　　C. Shift键　　　D. Ctrl键

第3章 图形对象的编辑与艺术处理

通过对前面内容的学习,读者已经对Illustrator的基本几何工具的使用方法有了一些了解。本章主要在之前的基础上对绘制的图形进行相应的编辑和处理,使其更接近完美的效果。

案例15 旋转复制:轮胎

教学视频

本案例的目的是让读者了解在Illustrator中通过旋转工具结合"旋转"面板对已绘制对象进行旋转复制的方法,图3-1为其绘制流程图。

图3-1 绘制流程图

案例 重点

- 拖出参考线
- 绘制正圆
- 绘制圆角矩形
- 旋转复制

案例 步骤

01→ 执行菜单中的"文件">"新建"命令,新建一个空白文档。按快捷键Ctrl+R调出标尺后,在标尺上按住鼠标左键向文档内拖动,创建一个由参考线组成的十字线,如图3-2所示。

02→ 选择◯(椭圆工具),将鼠标指针移动至参考线交叉的位置,将其作为正圆的圆心,按住Shift+Alt键绘制一个以起点为中心的正圆,如图3-3所示。

03→ 执行菜单中的"窗口">"渐变"命令,打开"渐变"面板,设置参数后,为正圆填充渐变色,如图3-4所示。

04→ 使用╱(直线段工具)在上面绘制3条黑色线段,如图3-5所示。

图3-2 绘制参考线

图3-3 绘制正圆

图3-4 设置并填充渐变色

图3-5 绘制线段

05 → 将3条线段一同选中,选择 (旋转工具),按住Alt键在参考线相交叉的位置单击,将旋转中心点设置到交叉处,同时弹出"旋转"对话框,如图3-6所示。

06 → 在"旋转"对话框中设置"角度"为15°,单击"复制"按钮,此时系统自动沿中心点旋转15°复制一个副本,如图3-7所示。

图3-6 调出旋转中心点和"旋转"对话框

图3-7 复制

07 → 按快捷键Ctrl+D多次继续旋转复制,直到旋转一周为止,如图3-8所示。

08 → 选择渐变正圆,执行菜单中的"对象">"变换">"缩放"命令,打开"比例缩放"对话框,设置参数后,单击"复制"按钮,得到一个正圆的缩小副本,如图3-9所示。

图3-8 旋转复制

图3-9 缩放复制

09 → 在"渐变"面板中重新设置渐变色,效果如图3-10所示。

10 → 旋转复制一个缩放为原来大小的96%的副本,使用 (镜像工具)将对象进行翻转,效果如图3-11所示。

图3-10 渐变色

图3-11 缩小复制并进行翻转

11 → 复制最上面的正圆,缩小为98%,将其进行镜像翻转,将"渐变类型"设置为"径向",效果如图3-12所示。

12 → 使用 (圆角矩形工具)绘制圆角矩形,填充径向渐变,效果如图3-13所示。

图3-12 复制并镜像

图3-13 绘制圆角矩形并填充1

13 → 绘制小一点的圆角矩形,将其缩小并填充渐变色,效果如图3-14所示。

14 → 绘制小一点的圆角矩形,将其填充为黑色,效果如图3-15所示。

图3-14 绘制圆角矩形并填充2

图3-15 绘制圆角矩形并填充3

15 → 将3个圆角矩形一同选中,选择 (旋转工具),按住Alt键在参考线交叉处单击,设置旋转中心点,同时弹出"旋转"对话框,单击"复制"按钮进行旋转复制,如图3-16所示。

16 → 按快捷键Ctrl+D继续进行复制,得到如图3-17所示的效果。

17 → 使用 (椭圆工具)在轮胎中心位置绘制正圆,填充渐变色,如图3-18所示。

18 → 使用 (椭圆工具)在轮胎中心位置绘制正圆,填充白色,描边为黑色,如图3-19所示。

第3章　图形对象的编辑与艺术处理

图3-16　调出旋转中心点和"旋转"对话框　　　图3-17　旋转复制

图3-18　绘制正圆并填充渐变色　　　图3-19　绘制正圆并填充白色

19→　使用 ☆（星形工具）在轮胎中心位置绘制一个三角形，如图3-20所示。

20→　使用 ▶（直接选择工具）调整三角形为星形，效果如图3-21所示。

21→　复制星形，缩小后填充渐变色，效果如图3-22所示。

22→　使用 ▶（选择工具）框选整个轮

图3-20　绘制三角形　　　图3-21　调整效果

胎，按快捷键Ctrl+G将其编组，复制一个副本，移动至图形下方作为倒影，效果如图3-23所示。

图3-22　复制并填充　　　图3-23　复制并移动

23→　执行菜单中的"窗口">"透明度"命令，打开"透明度"面板，单击蒙版缩略图，如图3-24所示。

24→　在下面要制作倒影的图形上绘制一个蒙版矩形，编辑渐变色，如图3-25所示。

25→　使用 ■（渐变工具）在倒影中从上向下拖动，创建渐变蒙版，效果如图3-26所示。

035

图3-24 单击蒙版缩略图　　　　　　　　图3-25 编辑

▶26 使用 ▢(矩形工具)绘制一个将轮胎与倒影包含在内的矩形轮廓，再将倒影一同选中，执行菜单中的"对象">"剪贴蒙版">"建立"命令，完成本例的制作，最终效果如图3-27所示。

图3-26 渐变蒙版　　　　　　　　　　　图3-27 最终效果

案例16 图形样式：想象

教学视频

本案例的目的是让读者了解在Illustrator中通过"图形样式"填充背景，为绘制的圆形轮廓填充渐变色，以制作矢量画效果，图3-28为其绘制流程图。

图3-28 绘制流程图

案例 重点

- 为矩形填充图形样式作为背景　　● 绘制圆环并填充渐变色　　● 将素材复制到文档中

案例 步骤

▶01 执行菜单中的"文件">"新建"命令，新建一个空白文档。使用 ▢(矩形工具)在文档中绘制一个"宽度"为180mm、"高度"为135mm的矩形，如图3-29所示。

02 → 执行菜单中的"窗口">"图形样式"命令，打开"图形样式"面板，单击"图形样式库菜单"按钮，在弹出菜单中选择"艺术效果"命令，如图3-30所示。

03 → 打开"艺术效果"面板，在其中单击"薄纸拼贴画2"图标，为矩形进行填充，效果如图3-31所示。

图3-29 绘制矩形

图3-30 选择"艺术效果"命令

04 → 在属性栏中设置"不透明度"为40%，效果如图3-32所示。

05 → 执行菜单中的"对象">"锁定">"所选对象"命令，将背景锁定，在背景上绘制一个"描边"为10pt的轮廓，如图3-33所示。

图3-31 填充薄纸拼贴画2

图3-32 不透明度效果

图3-33 绘制轮廓

06 → 执行菜单中的"窗口">"渐变"命令，打开"渐变"面板，设置渐变参数，如图3-34所示。

07 → 设置"不透明度"为70%，效果如图3-35所示。

08 → 复制圆形轮廓，将其缩小，重新设置渐变色，如图3-36所示。

图3-34 设置渐变参数

图3-35 不透明度效果

图3-36 设置渐变参数

09 → 复制多个圆环，变换大小后移动至相应位置，效果如图3-37所示。

10 → 使用 (直线段工具)在复制的多个组合圆环上绘制直线，如图3-38所示。

11 → 使用"渐变"面板分别为直线填充渐变色，效果如图3-39所示。

12 ➡ 打开附赠资源中的"素材\第3章\水晶水果"素材，框选其中的水果，按快捷键Ctrl+C复制，再切换到"想象"文档中，按快捷键Ctrl+V粘贴，并将素材移动至相应位置，效果如图3-40所示。

图3-37 复制圆环

图3-38 绘制直线

13 ➡ 选择投影将其删除，将苹果的轮廓清除，效果如图3-41所示。

14 ➡ 打开附赠资源中的"素材\第3章\卡通小猪"素材，框选其中的小猪，将其复制到"想象"文档中，至此本例制作完毕，最终效果如图3-42所示。

图3-39 填充渐变色

图3-40 移入素材

图3-41 删除投影并清除轮廓

图3-42 最终效果

案例17　建立图案：大嘴猴

教学视频

本案例的目的是让读者了解在Illustrator中通过"图像描摹"和"建立图案"命令，将位图转换为矢量图的方法，图3-43为其绘制流程图。

图3-43 绘制流程图

案例 重点
- 使用矩形工具
- 建立图案的方法
- 添加投影

案例 步骤

01 → 执行菜单中的"文件">"新建"命令，新建一个空白文档。使用▭(矩形工具)在文档中绘制一个"宽度"为180mm、"高度"为135mm的矩形，填充设置为白色，描边设置为黑色，如图3-44所示。

02 → 执行菜单中的"文件">"置入"命令，找到附赠资源中的"素材\第3章\粉色猴"素材，将其置入，如图3-45所示。

图3-44 绘制矩形

03 → 在属性栏中单击"嵌入"按钮，再设置"图像描摹"为"低保真度照片"，然后单击"扩展"按钮将描摹对象转换为路径，如图3-46所示。

图3-45 置入素材

图3-46 转换位图为矢量图

04 → 转换为路径后，执行菜单中的"对象">"取消编组"命令或按快捷键Shift+Ctrl+G，将对象打散，选择背景后按Delete键将其删除，效果如图3-47所示。

05 → 使用▷(直接选择工具)和▷(锚点工具)，将猴子嘴部的路径调整得平滑一些，效果如图3-48所示。

图3-47 删除背景　　图3-48 调整路径

06 → 将猴子图形选中，按快捷键Ctrl+G编组。将背景矩形填充为粉色，按快捷键Ctrl+C复制，再按快捷键Ctrl+B进行原位粘贴，如图3-49所示。

07 → 选择猴子图形，执行菜单中的"对象">"图案">"建立"命令，此时会弹出图3-50所示的提示对话框。

图3-49 填充　　　　图3-50 提示对话框

08 → 单击"确定"按钮,进入"图案"编辑状态,编辑参数后单击"完成"按钮,如图3-51所示。

09 → 完成编辑后,选择上面的背景矩形,单击"色板"面板中的图案进行填充,效果如图3-52所示。

图3-51 编辑　　　　　　　　　　　　　　图3-52 填充

10 → 选择填充图案的矩形,设置"不透明度"为30%,效果如图3-53所示。

11 → 选择猴子图形,执行菜单中的"效果">"风格化">"投影"命令,打开"投影"对话框,参数设置如图3-54所示。

图3-53 不透明度　　　　　　　　　　　图3-54 "投影"对话框

12 → 设置完毕后单击"确定"按钮,效果如图3-55所示。

13 → 使用 T(文字工具)在猴子右下角输入文字,完成本例的制作,最终效果如图3-56所示。

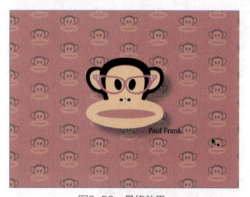

图3-55 添加投影　　　　　　　　　　　图3-56 最终效果

案例18　符号喷枪：愤怒的小鸟

教学视频

本案例的目的是让读者了解在Illustrator中使用"符号"面板中的符号，使用符号喷枪工具绘制符号，以及对符号进行填色与缩放制作愤怒的小鸟图形，图3-57为其绘制流程图。

图3-57　绘制流程图

案例重点

- 执行"置入"命令置入素材
- 使用钢笔工具绘制形状
- 使用"符号"面板
- 使用符号喷枪工具

案例步骤

01 → 执行菜单中的"文件">"新建"命令，新建一个空白文档。执行菜单中的"文件">"置入"命令，置入附赠资源中的"素材\第3章\小鸟插画"素材，如图3-58所示。

02 → 使用 ✎(钢笔工具)在素材底部绘制路径，将其填充为绿色，如图3-59所示。

图3-58　置入素材

图3-59　绘制和填充路径

03 → 执行菜单中的"窗口">"符号"命令，打开"符号"面板，单击"符号库菜单"按钮，在弹出菜单中选择"移动"命令，如图3-60所示。

04 → 打开"移动"面板,单击"播放"按钮,将其添加到"符号"面板中,如图3-61所示。

05 → 使用 (符号喷枪工具)在文档中单击,在文档中绘制符号,如图3-62所示。

06 → 符号绘制完毕后,选择 (符号缩放工具),按住Alt键将符号缩小,并将其移动至相应位置,效果如图3-63所示。

图3-60 选择"移动"命令　　　　图3-61 添加到"符号"面板

图3-62 绘制符号

图3-63 缩小符号

技巧

使用 (符号缩放工具)对符号进行缩放时,直接单击会将其放大,而按住Alt键单击可以将其缩小。

07 → 执行菜单中的"效果">"风格化">"外发光"命令,打开"外发光"对话框,参数设置如图3-64所示。

08 → 设置完毕后单击"确定"按钮,效果如图3-65所示。

09 → 在"符号"面板中单击"符号库菜单"按钮,在弹出菜单中选择"自然"命令,打开"自然"面板,选择"树木1"后单击,将其添加到"符号"面板中,如图3-66所示。

图3-64 "外发光"对话框

图3-65 外发光效果

10 → 使用 (符号喷枪工具)在文档中单击,然后绘制符号,调整其大小后移动至相应位置,如图3-67所示。

11 → 将填充色设置为绿色,使用 (符号着色工具)在树木1上单击,为其填充颜色,如图3-68所示。

图3-66 添加到"符号"面板

12→ 着色完毕后，复制树木1，将其移动至左边，完成本例的制作，最终效果如图3-69所示。

图3-67 插入符号

图3-68 填充颜色

图3-69 最终效果

案例19 路径橡皮擦：小猫

本案例的目的是让读者了解在Illustrator中使用椭圆工具、直接选择工具、路径橡皮擦工具和轮廓化描边绘制小猫，使用渐变填充和剪贴蒙版制作背景，图3-70为其绘制流程图。

图3-70 绘制流程图

案例重点

- 使用椭圆工具
- 使用钢笔工具
- 使用多边形工具
- 使用直接选择工具
- 使用路径橡皮擦工具
- 旋转变换
- 剪贴蒙版

案例步骤

01→ 执行菜单中的"文件">"新建"命令，新建一个空白文档。选择 ◯(椭圆工具)，按住Shift键在文档中绘制正圆，设置填充为白色、描边为黑色，再绘制正圆猫眼，如图3-71所示。

02→ 选择 ◯(椭圆工具)，按住Shift键绘制黑色正圆作为猫的鼻子，使用 ✎(钢笔工具)在鼻子下面绘制猫嘴曲线，设置描边宽度为2pt，如图3-72所示。

图3-71 绘制正圆

03 使用 ◯(多边形工具)在头部上面绘制多边形,按键盘上的向下键,将边数减少,得到三角形,效果如图3-73所示。

04 双击 ▷◁(镜像工具)按钮,打开"镜像"对话框,设置参数后单击"复制"按钮,复制一个翻转副本,如图3-74所示。

图3-72 绘制鼻子和嘴　　　图3-73 绘制耳朵

05 将副本移动至左边相应的位置,选择两个耳朵图形,按快捷键Ctrl+[将其向后调整顺序,多按几次,将耳朵图形移动至头部图形后面,如图3-75所示。

图3-74 镜像复制　　　图3-75 改变位置及顺序

06 使用 ◯(椭圆工具)绘制一个椭圆作为小猫的身体,改变顺序后,使用 ▷(直接选择工具)调整小猫的身体形状,如图3-76所示。

07 使用 ◯(椭圆工具)绘制小猫的四肢,如图3-77所示。

图3-76 绘制猫身并调整　　　图3-77 绘制四肢

08 → 选择小猫的一只脚,使用 ✎(路径橡皮擦工具)在路径上涂抹,此时会将路径擦除,再使用同样的方法对另一只脚的路径进行擦除,效果如图3-78所示。

09 → 使用 ✎(直线段工具)绘制黑色线条,效果如图3-79所示。

10 → 下面绘制小猫的尾巴。使用 ✎(画笔工具)在文档中绘制小猫的尾巴,将其选中并按快捷键Shift+Ctrl+[调整到最底层,如图3-80所示。

图3-78　擦除路径　　　图3-79　绘制线条

11 → 执行菜单中的"对象">"路径">"轮廓化描边"命令,将画笔转换为路径,设置填充为白色、描边为黑色,效果如图3-81所示。

图3-80　绘制尾巴　　　图3-81　转换为路径并填充

12 → 使用 ◯(椭圆工具)在小猫图形底部绘制黑色椭圆,效果如图3-82所示。

13 → 执行菜单中的"效果">"模糊">"高斯模糊"命令,打开"高斯模糊"对话框,参数设置如图3-83所示。

14 → 设置完毕后单击"确定"按钮,模糊后按快捷键Shift+Ctrl+[将其调整到最底层,在"透明度"面板中设置"混合模式"为"正片叠底"、"不透明度"为60%,效果如图3-84所示。

图3-82　绘制椭圆　　　图3-83　"高斯模糊"对话框

15 → 使用 T(文字工具)输入文字,如图3-85所示。

图3-84　调整顺序并设置不透明度　　　图3-85　输入文字

16 → 选择文字后，执行菜单中的"文字">"创建路径"命令，将文字转换为路径，如图3-86所示。

17 → 执行菜单中的"对象">"取消编组"命令，将路径打散，并将打散后的文字进行相应移动，如图3-87所示。

图3-86 转换为路径

图3-87 打散并移动

18 → 使用制作小猫阴影的方法为每个文字制作阴影，效果如图3-88所示。

19 → 下面制作背景。使用▭(矩形工具)绘制一个"宽度"为180mm、"高度"为135mm的矩形，在"渐变"面板中设置渐变色为从绿色到青色的径向渐变，效果如图3-89所示。

图3-88 完成小猫部分制作

图3-89 填充渐变

20 → 使用▭(矩形工具)绘制一个黑色矩形，如图3-90所示。

21 → 选择◯(旋转工具)，按住Alt键在中心位置单击，调出旋转中心点的同时，打开"旋转"对话框，设置"角度"为30°，如图3-91所示。

图3-90 绘制矩形

图3-91 设置角度

22 → 单击"复制"按钮进行旋转复制，按快捷键Ctrl+D继续进行旋转复制，直到旋转一周为止，如图3-92所示。

23 → 将旋转后的矩形全部选中，执行菜单中的"窗口">"路径查找器"命令，打开"路径查找器"面板，单击"联集"按钮，将其接合为一个对象，如图3-93所示。

图3-92 旋转复制

图3-93 联集

24 → 在"渐变"面板中，设置从淡绿色到橘色的径向渐变，如图3-94所示。

25 → 绘制一个与后面背景大小一致的矩形框,并将其与联集的对象一同选中,执行菜单中的"对象">"剪贴蒙版">"建立"命令,为其建立剪贴蒙版,效果如图3-95所示。

图3-94 填充渐变色

图3-95 剪贴蒙版

26 → 在"透明度"面板中设置"混合模式"为"变暗",至此背景制作完毕,效果如图3-96所示。

27 → 将之前绘制的小猫移动至背景上,完成本例的制作,最终效果如图3-97所示。

图3-96 设置混合模式

图3-97 最终效果

案例20 分割下方对象:太极球

教学视频

本案例的目的是让读者了解在Illustrator中通过"分割下方对象"命令将两个正圆进行分割,再通过"路径查找器"面板联集对象,图3-98为其绘制流程图。

图3-98 绘制流程图

案例 重点

- 使用椭圆工具
- 使用"路径查找器"面板
- 应用"分割下方对象"命令
- 填充渐变
- 设置混合模式

案例 步骤

01 → 执行菜单中的"文件">"新建"命令,新建一个空白文档。使用 ○(椭圆工具)在文档中绘制一个宽度与高度均为100mm的正圆和两个宽度与高度均为50mm的正圆,如图3-99所示。

02 → 分别选择小圆,执行菜单中的"对象">"路径">"分割下方对象"命令,效果如图3-100所示。

03 → 选择左侧的图形,填充为黑色,效果如图3-101所示。

图3-99　绘制正圆　　　　　图3-100　分割下方对象　　　　图3-101　填充

04 → 将正圆与分割后的对象一同选中,执行菜单中的"窗口">"路径查找器"命令,打开"路径查找器"面板,单击"联集"按钮,将其接合,效果如图3-102所示。

05 → 绘制两个正圆,一个为白色,一个为黑色,如图3-103所示。

图3-102　联集　　　　　　　　　　　　　　　图3-103　绘制正圆

06 → 绘制一个宽度与高度均为100mm的正圆,放置到太极图形的上面,执行菜单中的"窗口">"渐变"命令,打开"渐变"面板,设置"类型"为"径向",渐变色为从白色到黑色,使用 ■(渐变工具)绘制渐变色,如图3-104所示。

07 → 执行菜单中的"窗口">"透明度"命令,打开"透明度"面板,设置"混合模式"为"强光"、"不透明度"为60%,效果如图3-105所示。

图3-104　渐变　　　　　　　　　　图3-105　设置混合模式和不透明度

08 → 框选整个太极球图形，按快捷键Ctrl+G编组，双击 (镜像工具)按钮，在打开的"镜像"对话框中设置参数后，单击"复制"按钮，得到副本后向下移动，如图3-106所示。

09 → 在"透明度"面板中单击"制作蒙版"按钮，此时会添加一个蒙版，绘制一个矩形，在"渐变"面板中设置渐变参数后，使用 (渐变工具)绘制线性渐变，效果如图3-107所示。

图3-106 镜像

图3-107 编辑蒙版

10 → 绘制一个黑色椭圆，执行菜单中的"效果">"模糊">"高斯模糊"命令，打开"高斯模糊"对话框，设置参数后，单击"确定"按钮应用高斯模糊效果，设置其不透明度，并调整顺序，效果如图3-108所示。

图3-108 高斯模糊效果

11 → 下面制作背景，绘制矩形后填充渐变色，效果如图3-109所示。

12 → 复制背景，将其缩小，完成本例的制作，最终效果如图3-110所示。

图3-109 制作背景　　　　　　　　　图3-110 最终效果

本章练习

练习

1. 练习"对象">"变换"命令的用法。
2. 对位图进行描摹练习，使位图快速转换为矢量图。
3. 练习插入符号的方法。

> 习题

1. 将两个图形进行联集后，结果图形的颜色和哪个图形颜色相同？（　　）

   A. 上边图形　　　　B. 下边图形　　　　C. 先选择的图形　　　　D. 后选择的图形

2. 执行菜单中的"对象">"变换">"再次变换"命令，下面的描述哪些是不正确的?（　　）

   A. "再次变换"命令可以完成物体的多次固定距离的移动及复制

   B. "再次变换"命令可以完成物体的多次固定数值的旋转及复制

   C. "再次变换"命令可以完成物体的多次固定数值的倾斜及复制

   D. "再次变换"命令可以完成物体的多次固定数值的涡形旋转及复制

3. 在工具箱中选择"矩形工具"后并在页面中单击，会得到什么结果?（　　）

   A. 打开一个对话框，用于设置矩形相关选项

   B. 自动在页面上创建一个默认大小的矩形

   C. 页面中的全部对象被选中

   D. 创建页面框架

4. 将选中对象向后移动一层的快捷键是？（　　）

   A. Shift+Ctrl　　　　B. Ctrl+[　　　　C. Ctrl+]　　　　D. Shift+PgDn

5. 默认情况下，一个绘图页面中所有对象的堆叠顺序是由什么因素决定的？（　　）

   A. 由对象的大小决定

   B. 由对象的填充决定

   C. 由对象被添加到绘图中的次序决定

   D. 没有什么规律

6. 连接开放路径的两个端点，使之封闭的方法有下列哪几种？（　　）

   A. 使用钢笔工具连接路径

   B. 使用铅笔工具连接路径

   C. 执行菜单中的"对象">"路径">"连接"命令连接路径

   D. 使用"路径查找器"面板中的"联集"命令连接路径

第4章 文字的特效制作与编辑应用

在设计中,文字是不可缺少的要素,它在设计中往往可以起到画龙点睛的作用。任何设计作品如果缺少文字,可能会使预览者不能快速了解设计的主题。

通过对前面章节的学习,读者已经对Illustrator绘制与编辑图形的强大功能有了初步了解。本章主要讲解使用Illustrator对文字进行编辑,使读者了解平面设计中文字的魅力。

案例21 剪贴蒙版:蒙版字

教学视频

本案例的目的是让读者了解在Illustrator中通过剪贴蒙版制作蒙版字的方法,图4-1为蒙版字的绘制流程图。

图4-1 绘制流程图

案例重点

- 使用文字工具
- 将文字进行扩展
- 建立剪贴蒙版
- 将文字变为矢量图

案例 步骤

01 执行菜单中的"文件">"新建"命令,新建一个空白文档。置入附赠资源中的"素材\第4章\蜘蛛侠"素材,如图4-2所示。

02 单击属性栏中的"嵌入"按钮,将素材嵌入新建的文档中,效果如图4-3所示。

图4-2 置入素材

图4-3 嵌入素材

03 置入附赠资源中的"素材\第4章\蜘蛛"素材,单击"嵌入"按钮,将蜘蛛图形嵌入,如图4-4所示。

04 使用 T(文字工具)在文档中输入文字"THE-AMAZING SPIDER-MAN",如图4-5所示。

图4-4 置入素材　　图4-5 输入文字

> **技巧**
> 选择 T(文字工具)后,在文档中拖动可以创建段落文本框,在其中可以输入段落文本。

05 设置文字字体,将上面一行的大小设置为18pt,下面一行的大小设置为36pt,效果如图4-6所示。

图4-6 设置文字

> **技巧**
> 输入并选择文字,在字体下拉列表中选择某种字体后,在键盘上按上下方向键可以随机预览选择的字体效果。

06 执行菜单中的"窗口">"文字">"字符"命令,打开"字符"面板,设置"行距"为27pt,效果如图4-7所示。

07 执行菜单中的"对象">"扩展"命令,打开"扩展"对话框,参数设置如图4-8所示。

08 设置完毕后单击"确定"按钮,效果如图4-9所示。

图4-7 编辑文字

第4章 文字的特效制作与编辑应用

图4-8 "扩展"对话框

09→ 将文字移动至"蜘蛛"素材上面，如图4-10所示。

技巧

将文字转换为路径，还可以通过执行菜单中的"文字">"创建轮廓"命令，将文字转换为填充与描边效果。

图4-9 扩展效果

10→ 将文字路径与"蜘蛛"一同选中，执行菜单中的"对象">"剪贴蒙版">"建立"命令，将图形放置到文字内，效果如图4-11所示。

11→ 使用▶(选择工具)将文字进行相应旋转，效果如图4-12所示。

12→ 为剪贴后的文字设置描边为白色，效果如图4-13所示。

图4-10 移动文字

图4-11 剪贴蒙版

图4-12 旋转文字

13→ 执行菜单中的"效果">"风格化">"投影"命令，打开"投影"对话框，参数设置如图4-14所示。

14→ 设置完毕后单击"确定"按钮，完成本例的制作，最终效果如图4-15所示。

图4-13 描边

图4-14 "投影"对话框

图4-15 最终效果

案例22　投影与内发光：发光字

教学视频

本案例的目的是让读者了解在Illustrator中将文字创建为路径后渐变填充、描边，并应用"投影与内发光"命令得到发光字的效果，图4-16为发光字绘制流程图。

图4-16 绘制流程图

053

案例 重点

- 置入素材并嵌入后进行锁定
- 通过"字符"面板设置字母间距
- 填充渐变色进行描边
- 应用"内发光"命令
- 输入美术字
- 将文字创建为路径
- 应用"投影"命令

案例 步骤

01 → 执行菜单中的"文件">"新建"命令，新建一个空白文档。置入附赠资源中的"素材\第4章\鱼"素材，单击属性栏中的"嵌入"按钮，如图4-17所示。

02 → 执行菜单中的"对象">"锁定">"所选对象"命令，将素材进行锁定，此时在上面编辑时不会对已锁定的对象起作用。

03 → 选择 T (文字工具)，在背景上选择起始点，输入美术字，设置字体和文字大小，如图4-18所示。

图4-17 置入素材

技 巧

如果想将锁定的对象进行解锁。只要执行菜单中的"对象">"全部解锁"命令即可。

图4-18 输入文字

04 → 执行菜单中的"窗口">"文字">"字符"命令，打开"字符"面板，设置"字间距"为200，效果如图4-19所示。

05 → 执行菜单中的"文字">"创建轮廓"命令，将文字转换为填充与描边，打开"渐变"面板，设置从白色到黑色的线性渐变，角度为45°，效果如图4-20所示。

06 → 设置"描边颜色"为黄色、"宽度"为2pt，效果如图4-21所示。

图4-19 设置字间距

图4-20 设置渐变填充

图4-21 设置描边

07 → 执行菜单中的"对象">"取消编组"命令，将文字分离，选择其中的第一个字母，如图4-22所示。

08 → 执行菜单中的"效果">"风格化">"投影"命令，打开"投影"对话框，参数设置如图4-23所示。

09 → 设置完毕后单击"确定"按钮，效果如图4-24所示。

10 → 执行菜单中的"效果">"风格化">"内发光"命令，打开"内发光"对话框，参数设置如图4-25所示。

图4-22　取消编组　　　　　　图4-23　"投影"对话框　　　　　图4-24　投影效果

11 → 设置完毕后单击"确定"按钮，效果如图4-26所示。

12 → 使用同样的方法为剩下的3个字母添加"投影"和"内发光"效果，至此完成本例的制作，最终效果如图4-27所示。

图4-25　"内发光"对话框　　　图4-26　内发光效果　　　　　图4-27　最终效果

案例23　混合：层叠字

教学视频

本案例的目的是让读者了解在Illustrator中通过"建立混合"命令创建对象之间的混和效果，并结合剪贴蒙版制作高光区域，图4-28为层叠字绘制流程图。

图4-28　绘制流程图

案例　重点

- 输入文字并创建轮廓
- 取消编组
- 调整对象位置以设置混合步数
- 为粘贴的对象设置混合模式
- 偏移路径
- 创建混合效果
- 为"高斯模糊"效果调整不透明度

055

案例 步骤

01→ 执行菜单中的"文件">"新建"命令，新建一个空白文档。使用 T (文字工具)在文档中输入字母ai，设置与之对应的文字大小和文字字体，如图4-29所示。

02→ 执行菜单中的"文字">"创建轮廓"命令，将文字转换成路径，按快捷键Shift+Ctrl+G取消编组，将文字分离并将字母移动至相应位置，如图4-30所示。

03→ 框选两个字母后，使用 (自由变换工具)将文字变矮，如图4-31所示。

图4-29 输入文字

图4-30 将文字分离并移动位置

图4-31 变换文字

04→ 执行菜单中的"对象">"路径">"偏移路径"命令，打开"偏移路径"对话框，参数设置如图4-32所示。

图4-32 "偏移路径"对话框

技巧

"位移"选项用于设置扩展与收缩，正数值为扩展，负数值为收缩；"连接"选项用于设置角点连接处的形状，其中共有3个选项，分别为"斜接">"圆角"和"斜角"；"斜接限制"选项设置在何种情况下角点连接处由斜接连接切换成斜角连接。

05→ 设置完毕后单击"确定"按钮，效果如图4-33所示。

06→ 选择偏移扩展后的对象，将其填充值为(R:118 G:200 B:210)的青色，如图4-34所示。

07→ 选择未偏移扩展的对象并向上移动后，将其填充为从白色到粉色的径向渐变，效果如图4-35所示。

图4-33 偏移路径

图4-34 填充对象

图4-35 填充渐变色

08→ 选择左边的字母与偏移扩展的对象，执行菜单中的"对象">"混合">"建立"命令，建立混合效果，如图4-36所示。

09→ 执行菜单中的"对象">"混合">"混合选项"命令，系统会打开"混合选项"对话框，设置参数后单击"确定"按钮，效果如图4-37所示。

图4-36 建立混合效果

图4-37 编辑混合效果

技巧

使用 (混合工具)在两个对象上拖动，同样会在两个对象之间创建混合效果。

技巧

创建混合效果后，在 (混合工具)按钮上双击，系统同样会弹出"混合选项"对话框。

10 → 使用同样的方法，再为另一边的文字制作混合效果，如图4-38所示。

11 → 使用 (椭圆工具)绘制一个红色椭圆，使用 (直接选择工具)调整椭圆的形状，效果如图4-39所示。

图4-38 添加混合效果　　图4-39 调整形状

12 → 使用 (直接选择工具)选择混合文字最上面的文字，按快捷键Ctrl+C复制，再按快捷键Ctrl+Shift+V进行粘贴，效果如图4-40所示。

13 → 将复制的对象与椭圆一同选中，执行菜单中的"对象">"剪贴蒙版">"建立"命令，为其创建剪贴蒙版，设置"不透明度"为30%，效果如图4-41所示。

14 → 使用同样的方法制作另一文字的高光，效果如图4-42所示。

图4-40 复制文字　　图4-41 剪贴蒙版　　图4-42 高光效果

15 → 下面制作投影，使用 (直接选择工具)选择混合文字中最下层的对象，按快捷键Ctrl+C复制，再按快捷键Ctrl+B粘贴到后面，将其填充为黑色，执行菜单中的"效果">"模糊">"高斯模糊"命令，打开"高斯模糊"对话框，设置参数后单击"确定"按钮，效果如图4-43所示。

16 → 设置"不透明度"为50%，效果如图4-44所示。

17 → 使用同样的方法制作另一文字的效果，如图4-45所示。

图4-43 高斯模糊效果　　图4-44 设置不透明度　　图4-45 投影效果

18→ 为文字制作矩形渐变背景，效果如图4-46所示。

图4-46 制作背景

19→ 打开附赠资源中的"素材\第4章\蝴蝶、植物、立方体"素材，将素材中的对象复制到当前文档中，设置花纹的"混合模式"为"叠加"，调整其他素材的大小，效果如图4-47所示。

20→ 至此完成本例的制作，最终效果如图4-48所示。

图4-47 移入素材

图4-48 最终效果

案例24 扩展：创意字

教学视频

本案例的目的是让读者了解在Illustrator中通过"扩展"命令将文字转换为矢量图，取消编组后对个别文字进行编辑，图4-49为创意字绘制流程图。

图4-49 绘制流程图

案例 重点

● 输入文字
● 通过"扩展"命令将文字转换为矢量图

第4章　文字的特效制作与编辑应用

- 取消编组
- 绘制椭圆并使用直接选择工具调整形状
- 移动对象位置进行分布处理
- 拖出符号

案例　步骤

01 → 执行菜单中的"文件">"新建"命令，新建一个空白文档。使用 T (文字工具)在文档中输入英文love，如图4-50所示。

02 → 执行菜单中的"对象">"扩展"命令，打开"扩展"对话框，参数设置如图4-51所示。

技巧

通过"扩展"命令或"创建轮廓"命令可以将文字转换为矢量图，使其具有填充和描边，但是转换为矢量图后，文字将不再具有文字所具有的特性。

图4-50　输入文字　　　图4-51　"扩展"对话框

03 → 设置完毕后单击"确定"按钮，效果如图4-52所示。

04 → 执行菜单中的"对象">"取消编组"命令，将对象分离，使用 ▶ (选择工具)选择单个对象，将其进行移动，效果如图4-53所示。

05 → 框选4个对象，执行菜单中的"窗口">"对齐"命令，打开"对齐"面板，单击"水平右分布"按钮，效果如图4-54所示。

图4-52　扩展效果　　　图4-53　取消编组移动对象　　　图4-54　分布

提示

对选择的对象进行分布时，水平方向上可以按照水平左分布、水平居中分布和水平右分布，如图4-55所示。

图4-55　分布

06→ 选择字母o，按Delete键将其删除，使用 (椭圆工具)绘制一个红色椭圆，使用 (添加锚点工具)在顶部锚点两侧添加锚点，再使用 (直接选择工具)调整椭圆的形状，如图4-56所示。

07→ 绘制黑色椭圆，使用 (直接选择工具)调整椭圆的形状，将其作为眼睛，再使用 (铅笔工具)绘制黑色睫毛，如图4-57所示。

图4-56 绘制正圆并调整形状　　　　　　　　　　图4-57 绘制眼睛

08→ 使用同样的方法制作另一只眼睛，再绘制正圆鼻孔，调整椭圆，得到嘴巴的形状，效果如图4-58所示。

09→ 使用 (钢笔工具)绘制手臂与手，效果如图4-59所示。

10→ 使用 (椭圆工具)绘制脚部，如图4-60所示。

图4-58 绘制鼻孔与嘴巴　　　图4-59 绘制手臂与手　　　图4-60 绘制脚部

11→ 执行菜单中的"窗口">"符号"命令，打开"符号"面板，单击"符号库菜单"按钮，在弹出菜单中选择"庆祝"命令，打开"庆祝"面板，如图4-61所示。

12→ 选择"庆祝"面板中的"面具"选项，将其拖动至文档中，调整大小后的效果如图4-62所示。

图4-61 打开面板　　　　　　　　　　图4-62 插入符号

13→ 为第一个字母进行卡通化人物制作，过程如图4-63所示。

14→ 为另外两个文字进行卡通化处理，效果如图4-64所示。

图4-63 编辑字母1　　　　　　　　　　图4-64 编辑字母2

15→ 框选所有的对象，双击 (镜像工具)按钮，打开"镜像"对话框，设置参数后单击"复制"按钮，效果如图4-65所示。

16→ 将翻转后的对象向下移动，效果如图4-66所示。

第4章 文字的特效制作与编辑应用

图4-65 翻转对象　　　　　　　　　　　图4-66 移动对象

17→ 此时制作倒影,对翻转后的对象脚部进行移动,效果如图4-67所示。

18→ 框选翻转的对象,执行菜单中的"窗口">"透明度"命令,打开"透明度"面板,单击"制作蒙版"按钮,为对象添加蒙版,效果如图4-68所示。

图4-67 翻转并移动对象　　　　　　　　图4-68 添加蒙版

19→ 选择蒙版缩略图,使用▢(矩形工具)绘制矩形,效果如图4-69所示。

20→ 执行菜单中的"窗口">"渐变"命令,打开"渐变"面板,参数设置如图4-70所示。

图4-69 编辑蒙版

21→ 在"透明度"面板中选择图形缩略图,此时文字部分制作完毕,效果如图4-71所示。

22→ 为文字制作渐变背景,效果如图4-72所示。

图4-70 渐变编辑蒙版　　　　　　　　　图4-71 文字

图4-72 渐变背景

061

23 → 至此"创意字"案例制作完毕，最终效果如图4-73所示。

图4-73 最终效果

案例25 外观：金属字

本案例的目的是让读者了解在Illustrator中通过"外观"面板为文字新建填充色，并为其设置渐变颜色和描边来制作金属字的效果，图4-74为金属字绘制流程图。

图4-74 绘制流程图

案例 重点

- 输入文字
- 在"外观"面板中新建填充色
- 设置渐变色
- 为描边设置渐变色

案例 步骤

01 → 执行菜单中的"文件">"新建"命令，新建一个空白文档。使用 T.(文字工具)在文档中输入文字，如图4-75所示。

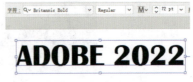

图4-75 输入文字

提示

输入的文字是不能直接填充渐变色的。如果想为其填充渐变色，需要先为其创建轮廓，再进行渐变填充，此时会发现，水平填充的渐变色会单独以文字中的字母为单位进行渐变填充，如图4-76所示。

图4-76 填充渐变色

技巧

如果想将文字进行渐变填充但是又不破坏文字特性，可以通过在"外观"面板中新建填充色来解决这一问题。

02 → 文字输入完毕后，执行菜单中的"窗口">"外观"命令，打开"外观"面板，在弹出菜单中选择"添加新填色"命令，如图4-77所示。

图4-77 "外观"面板

技巧

在"外观"面板中，要为文字添加新填色或添加新描边，可以直接在面板中单击"添加新填色或添加新描边"按钮 进行快速填充。

03 → 选择"填色"，执行菜单中的"窗口">"渐变"命令，打开"渐变"面板，设置从白色到黑色的线性渐变，如图4-78所示。

04 → 在"渐变"面板中设置渐变效果，改变角度为-90°，效果如图4-79所示。

图4-78 设置渐变色

图4-79 渐变色

05 → 在"外观"面板中单击"描边"色块，设置"颜色"为黑色、"宽度"为1.5pt，如图4-80所示。

06 → 在"渐变"面板中设置"描边"的渐变色，效果如图4-81所示。

07 → 此时金属字制作完毕，使用 (矩形工

图4-80 设置描边

具)绘制一个黑色矩形作为背景,最终效果如图4-82所示。

图4-81 描边渐变色　　　　　图4-82 最终效果

案例26 收缩和膨胀:刺猬字

教学视频

本案例的目的是让读者了解在Illustrator中使用"收缩和膨胀"命令制作文字刺猬效果的方法,图4-83为刺猬字绘制流程图。

图4-83 绘制流程图

案例重点

- 输入文字
- 填充孔雀色板
- 应用"收缩和膨胀"命令

案例步骤

01 → 执行菜单中的"文件">"新建"命令,新建一个空白文档。使用 T (文字工具)选择合适的字体与大小后,在文档中输入文字,如图4-84所示。

02 → 执行菜单中的"文字">"创建轮廓"命令,将文字转换为矢量图,如图4-85所示。

03 → 执行菜单中的"窗口">"色板"命令,打开"色板"面板,单击"色板库"菜单按钮,在弹出菜单中选择"图案">"自然">"自然_动物皮"命令,如图4-86所示。

图4-84 输入文字　　图4-85 创建轮廓　　图4-86 选择图案

064

04 → 打开"自然_动物皮"面板,单击面板中的"孔雀"色标,此时会将文字填充为孔雀颜色,如图4-87所示。

图4-87 填充孔雀颜色

提示

在通过"色板库"菜单打开的面板中选择相应色标后,该色标会自动添加到"色板"面板中,以方便以后调用,图4-88为将孔雀色标添加到面板中。

图4-88 添加孔雀色标

05 → 执行菜单中的"效果">"扭曲和变换">"收缩和膨胀"命令,打开"收缩和膨胀"对话框,参数设置如图4-89所示。

06 → 设置完毕后单击"确定"按钮,效果如图4-90所示。

07 → 选择文字,双击 (镜像工具)按钮,打开"镜像"对话框,参数设置如图4-91所示。

图4-89 "收缩和膨胀"对话框　　图4-90 收缩和膨胀效果　　图4-91 "镜像"对话框

08 → 镜像复制后,将副本向下移动,执行菜单中的"窗口">"透明度"命令,打开"透明度"面板,单击"制作蒙版"按钮,选择蒙版缩略图,效果如图4-92所示。

图4-92 创建蒙版

09 → 使用 (矩形工具)在倒影处绘制白色矩形,效果如图4-93所示。

10 → 执行菜单中的"窗口">"渐变"命令,打开"渐变"面板,设置从白色到黑色的-90°线性渐变,如图4-94所示。

11 → 使用 (渐变工具)改变渐变的位置,效果如图4-95所示。

图4-93　绘制矩形　　　　　　　　　　　　　图4-94　渐变蒙版

12→ 在"透明度"面板中单击"图像"缩略图后，选择文字，执行菜单中的"效果">"风格化">"投影"命令，打开"投影"对话框，参数设置如图4-96所示。

13→ 设置完毕后单击"确定"按钮，效果如图4-97所示。

图4-95　渐变效果　　　　　图4-96　"投影"对话框　　　　　图4-97　投影效果

14→ 在文字的后面绘制矩形，使用"渐变"面板进行设置，为其制作背景，效果如图4-98所示。

图4-98　背景

15→ 至此本例制作完毕，最终效果如图4-99所示。

图4-99　最终效果

知识拓展

在Illustrator中，文字工具组中还有其他的文字输入工具，包含区域文字工具、路径文字工具、直排文字工具、直排区域文字工具和直排路径文字工具。图4-100为文字工具组。图4-101为各个工具输入的效果。

图4-100　文字工具组

图4-101 输入效果

本章练习

练习

练习使用画笔库描边路径的方法。

习题

1. 下图为输入完毕、选中状态的文字,由图可判断它属于哪种?( )

   A. 美术字

   B. 段落文字

   C. 既不是美术字,也不是段落文字

   D. 可能是美术字,也可能是段落文字

2. 在下面的图中,是选中对象的状态,这说明什么?( )

   A. 在其他的文本框中有链接的文本

   B. 在这个文本框中还有没展开的文字

   C. 这个已经不是文字,而被转换为曲线了

   D. 只是表示当前这个文本块被选中,没有其他含义

第5章 图形的特殊编辑制作

通过对前面章节的学习，读者已经对如何在Illustrator中绘制图形并进行相应的编辑和处理，以及文字方面的知识有所了解。本章在之前的基础上继续对绘制的图形进行特殊处理，从而使对象更加具有视觉冲击力。

案例27 路径生成器工具：心形格局

本案例的目的是让读者了解在Illustrator中通过路径生成器对选择的两个路径进行编辑，利用"路径查找器"面板进行合并，再对合并后的局部进行填充的方法，图5-1为心形格局的绘制流程图。

教学视频

图5-1 绘制流程图

案例重点

- 使用椭圆工具
- 使用直接选择工具调整形状
- 设置混合模式与透明度
- 添加锚点
- 使用路径生成器工具

案例 步骤

01 → 执行菜单中的"文件">"新建"命令，新建一个空白文档。选择◯(椭圆工具)，按住Shift键在文档中绘制一个正圆，再使用✎(添加锚点工具)在顶部锚点的两侧单击添加锚点，如图5-2所示。

02 → 使用▷(直接选择工具)调整正圆为心形，效果如图5-3所示。

图5-2 绘制正圆路径并添加锚点

图5-3 调整形状

03 → 复制一个心形，放置到一边以备后面使用，使用▦(矩形网格工具)在心形上面绘制网格，如图5-4所示。

04 → 框选网格与心形，选择 (路径生成器工具)，按住Alt键在心形以外的网格上单击，将其删除，过程如图5-5所示。

图5-4 绘制网格

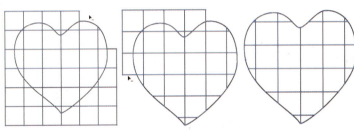
图5-5 删除

提示

使用▦(矩形网格工具)绘制网格之前，可以双击▦(矩形网格工具)按钮，打开"矩形网格工具选项"对话框，在其中可以设置网格的大小与网格数量。

05 → 使用▶(选择工具)框选剩下的心形与网格，使用 (路径生成器工具)将填充色设置为(C:25 M:25 Y:40 K:0)，在网格中单击进行填色，效果如图5-6所示。

技巧

选择 (路径生成器工具)，按住Alt键在矩形内单击可以对其进行删除，按住Shift键可以按创建的矩形框进行删除，如图5-7所示。

图5-6 填色

图5-7 删除

06→ 将填充色设置为绿色,使用 (路径生成器工具)将网格中的个别矩形填充为绿色,填充完毕后,将图形编组,效果如图5-8所示。

07→ 置入附赠资源中的"素材\第5章\踢球"素材,单击属性栏中的"嵌入"按钮,将素材嵌入文档中,将素材与副本心形一同选中,如图5-9所示。

图5-8 填充

图5-9 选中素材

08→ 执行菜单中的"对象">"剪贴蒙版">"建立"命令,效果如图5-10所示。

09→ 执行菜单中的"对象">"剪贴蒙版">"编辑内容"命令,进入编辑状态,将踢球图像移动至相应位置,如图5-11所示。

10→ 完成编辑后,在空白处双击,将心形移动至网格后面,选择网格,设置"混合模式"为"正片叠底"、"不透明度"为90%,如图5-12所示。

图5-10 建立剪贴蒙版

图5-11 编辑

图5-12 设置不透明度

技巧

在建立的剪贴蒙版区域双击,即可进入编辑状态,在空白处单击即可完成编辑。

11→ 至此本例制作完毕,最终效果如图5-13所示。

图5-13 最终效果

第5章 图形的特殊编辑制作

案例28　混合选项：组合线条

教学视频

本案例的目的是让读者了解在Illustrator中对混合后的对象应用"镜像"复制或"旋转"复制的效果，图5-14为组合线条绘制流程图。

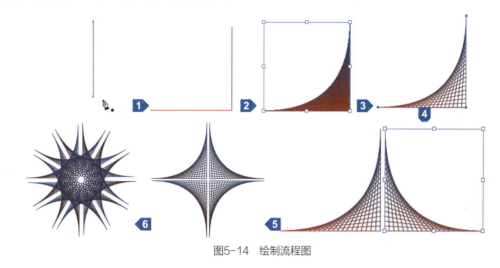

图5-14　绘制流程图

案例 重点

- 使用钢笔工具
- 复制旋转
- 创建混合效果
- 镜像复制
- 旋转复制

案例 步骤

01→ 执行菜单中的"文件">"新建"命令，新建一个空白文档。使用 ✎(钢笔工具)绘制一条线段，如图5-15所示。

02→ 选择 ▶(选择工具)，按住Alt键拖动鼠标，松开后会复制一个线段副本，如图5-16所示。

03→ 拖动控制点，将副本进行90°旋转，移动至相应位置，将两条线段设置成不同的描边色，如图5-17所示。

04→ 框选两条线段，执行菜单中的"对象">"混合">"建立"命令，为两条线段创建混合效果，如图5-18所示。

图5-15　绘制线段　　图5-16　复制线段　　图5-17　调整线段　　图5-18　混合效果

071

05 → 双击 (混合工具)按钮，或执行菜单中的"对象">"混合">"混合选项"命令，都能打开"混合选项"对话框，参数设置如图5-19所示。

06 → 设置完毕后单击"确定"按钮，双击 (镜像工具)按钮，打开"镜像"对话框，设置参数后单击"复制"按钮，得到一个副本，如图5-20所示。

图5-19 混合选项　　　　　　　　图5-20 复制对象

07 → 将副本向右移动至相应位置，效果如图5-21所示。

08 → 框选两个混合对象，双击 (镜像工具)按钮，打开"镜像"对话框，设置参数后单击"复制"按钮，得到一个副本，如图5-22所示。

图5-21 移动对象　　　　　　　　图5-22 复制对象

09 → 向下移动对象，完成效果如图5-23所示。

10 → 复制其中的一个混合效果，选择 (旋转工具)，按住Alt键在右下角单击，此时会以单击点作为中心点弹出"旋转"对话框，如图5-24所示。

图5-23 完成效果　　　　　　　　图5-24 旋转

11 → 设置完毕后单击"复制"按钮，系统会按照旋转中心点进行旋转复制，如图5-25所示。

12 → 按快捷键Ctrl+D继续进行复制直到旋转一周为止，最终效果如图5-26所示。

第5章 图形的特殊编辑制作

图5-25 旋转复制

图5-26 最终效果

案例29 画笔与宽度工具：创意汽车插画

本案例的目的是让读者了解在Illustrator中通过宽度工具对路径进行宽度调整，使其产生透视效果，再结合画笔和置入的素材完成创意汽车插画效果，图5-27为其绘制流程图。

教学视频

图5-27 绘制流程图

案例 重点

- 渐变填充矩形
- 调整透明度
- 绘制螺旋线
- 使用宽度工具调整路径宽度
- 使用画笔绘制预设笔触

案例 步骤

01→ 执行菜单中的"文件">"新建"命令，新建一个空白文档。使用▢(矩形工具)在文档中绘制一个"宽度"为180mm、"高度"为135mm的矩形，执行菜单中的"窗口">"渐变"命令，打开"渐变"面板，参数设置如图5-28所示。

02→ 绘制一个矩形，设置渐变色为从白色到透明的径向渐变，效果如图5-29所示。

03→ 在"透明度"面板中设置"不透明度"为40%，效果如图5-30所示。

073

图5-28 绘制矩形并填充渐变色

图5-29 填充渐变　　　　　　　　　　图5-30 设置透明度

04 → 复制对象并移动至左上角和右下角,设置"不透明度"为20%,效果如图5-31所示。

05 → 绘制一个与背景大小一致的矩形,并将其与透明矩形一同选中,执行菜单中的"对象">"剪贴蒙版">"建立"命令,效果如图5-32所示。

06 → 使用 (螺旋线工具)绘制螺旋线,如图5-33所示。

图5-31 复制对象　　　　图5-32 剪贴蒙版　　　　图5-33 绘制螺旋线

07 → 在属性栏中设置"画笔定义"为"炭笔-羽毛",如图5-34所示。

08 → 使用 (宽度工具)在路径上拖动,将路径加宽,如图5-35所示。

图5-34 画笔　　　　　　　　　　图5-35 调整宽度

09 → 设置"混合模式"为"柔光",效果如图5-36所示。

10 → 双击 (镜像工具)按钮,打开"镜像"对话框,设置参数后单击"复制"按钮,得到一个副本,效果如图5-37所示。

图5-36 混合模式

图5-37 镜像

11 → 将副本移动至相应位置,效果如图5-38所示。

12 → 选择 (画笔工具),执行菜单中的"窗口">"画笔"命令,打开"画笔"面板,单击"画笔库菜单"按钮,在弹出菜单中选择"装饰">"装饰_散布"命令,如图5-39所示。

图5-38 移动对象

图5-39 选择画笔

13 → 在打开的"装饰_散布"面板中选择笔触后,在文档中绘制,设置"混合模式"为"强光"、"不透明度"为50%,效果如图5-40所示。

14 → 使用 (画笔工具)绘制另外的笔触,效果如图5-41所示。

图5-40 绘制笔触

图5-41 绘制其他笔触

15→ 置入附赠资源中的"素材\第5章\植物、树木"素材,选择素材后放置到相应位置,效果如图5-42所示。

16→ 将"汽车"素材置入文档中,调整大小后完成本例的制作,最终效果如图5-43所示。

图5-42 置入素材　　　　　　　　　　　图5-43 最终效果

案例30 复合路径:齿轮

教学视频

本案例的目的是让读者了解在Illustrator中通过"路径查找器"面板将旋转复制的路径进行合并,再通过"复合路径"将对象进行裁剪,图5-44为齿轮绘制流程图。

图5-44 绘制流程图

案例重点

- 置入素材
- 创建符号
- 绘制圆角矩形
- 旋转复制
- 使用"路径查找器"面板为对象进行联集
- 通过"复合路径"裁剪对象
- 应用"凸出与斜面"命令创建立体图像并进行贴图

案例步骤

01→ 执行菜单中的"文件">"新建"命令,新建一个空白文档。置入附赠资源中的"素材\第5章\金属"素材,单击属性栏中的"嵌入"按钮,将其嵌入文档中,如图5-45所示。

02→ 执行菜单中的"窗口">"符号"命令,打开"符号"面板,单击"新建符号"按钮,将金属素材添加到"符号"面板中,如图5-46所示。

图5-45　金属素材　　　　　　　　图5-46　新建符号

03 → 符号创建完毕后，将金属素材删除，使用 ▢(圆角矩形工具)在文档中绘制一个"圆角半径"为3的圆角矩形，如图5-47所示。

04 → 执行菜单中的"对象">"变换">"旋转"命令，打开"旋转"对话框，设置"角度"为30°，单击"复制"按钮，如图5-48所示。

图5-47　绘制圆角矩形　　　　　　图5-48　旋转复制

05 → 复制完毕后，按快捷键Ctrl+D 4次，将圆角矩形旋转复制一周，效果如图5-49所示。

06 → 选择 ○(椭圆工具)，在旋转中心点处按住Shift+Alt键绘制正圆，如图5-50所示。

07 → 框选所有对象，执行菜单中的"窗口">"路径查找器"命令，打开"路径查找器"面板，单击"联集"按钮，如图5-51所示。

图5-49　旋转复制　　　图5-50　绘制正圆　　　　图5-51　联集

08 → 绘制一个小正圆后框选所有对象，在"对齐"面板中单击"水平居中"和"垂直居中"按钮，效果如图5-52所示。

09 → 执行菜单中的"对象">"复合路径">"建立"命令，将两个路径进行复合，将复合后的对象填充深灰色，效果如图5-53所示。

10 → 执行菜单中的"效果">"3D和材质">"3D(经典)">"凸出和斜角(经典)"命令，打开"3D凸出和斜角选项(经典)"对话框,参数设置如图5-54所示。

11➔ 单击"贴图"按钮,打开"贴图"对话框,参数设置如图5-55所示。

12➔ 设置完毕后单击"确定"按钮,返回"3D凸出和斜角选项(经典)"对话框中,单击"确定"按钮,完成本例的制作,最终效果如图5-56所示。

图5-52 对齐

图5-53 复合路径

图5-54 设置参数

图5-55 贴图

图5-56 最终效果

案例31 偏移路径:轮廓字

教学视频

本案例的目的是让读者了解在Illustrator中使用"偏移路径"的方法制作轮廓字,图5-57为其绘制流程图。

图5-57 绘制流程图

078

案例 重点

- 输入文字
- 创建轮廓
- 偏移路径

案例 步骤

01→ 执行菜单中的"文件">"新建"命令,新建一个空白文档。使用 T (文字工具)在文档中输入文字,如图5-58所示(可以选择自己喜欢的字体进行输入)。

02→ 执行菜单中的"文字">"创建轮廓"命令,将文字转换为矢量图,如图5-59所示。

图5-58 输入文字　　　　　　　　　　图5-59 转换为矢量图

03→ 执行菜单中的"对象">"路径">"偏移路径"命令,打开"偏移路径"对话框,参数设置如图5-60所示。

04→ 设置完毕后单击"确定"按钮,将颜色填充为(C:67 M:4 Y:0 K:0),效果如图5-61所示。

图5-60 "偏移路径"对话框　　　　　图5-61 设置颜色

05→ 执行菜单中的"对象">"路径">"偏移路径"命令,打开"偏移路径"对话框,参数设置如图5-62所示。

图5-62 填充文字颜色

06→ 将颜色填充为蓝色,效果如图5-63所示。

07→ 按快捷键Ctrl+Shift+G取消编组,将黑色文字改为白色,至此本例制作完毕,最终效果如图5-64所示。

图5-63 偏移路径

图5-64 最终效果

知识 拓展

制作轮廓字时,可以先执行"偏移路径"命令后填充颜色来完成,也可以通过为矢量图设置轮廓色和宽度来实现效果,如图5-65所示。

图5-65 轮廓字

案例32 画笔描边路径:创意视觉

教学视频

本案例的目的是让读者了解在Illustrator中对置入位图进行描摹,通过画笔工具绘制画笔笔触,以及使用画笔描边路径,图5-66为其绘制流程图。

图5-66 绘制流程图

案例 重点

- 通过渐变填充矩形
- 填充钢笔形状
- 绘制画笔
- 扩展外观填充渐变色
- 画笔笔触描边路径
- 高斯模糊
- 混合模式与透明度

案例　步骤

01 → 执行菜单中的"文件">"新建"命令，新建一个空白文档。使用▢(矩形工具)在文档中绘制一个"宽度"为180mm、"高度"为135mm的矩形，执行菜单中的"窗口">"渐变"命令，打开"渐变"面板，参数设置如图5-67所示。

02 → 使用✒(钢笔工具)在矩形底部绘制路径形状，此时会按照之前的渐变色进行填充，使用▢(渐变工具)改变渐变的位置和大小，如图5-68所示。

图5-67　绘制矩形并填充渐变色　　　　图5-68　使用钢笔工具绘制形状并调整渐变

03 → 使用✒(钢笔工具)在矩形右边绘制路径形状，此时会按照之前的渐变色进行填充，使用▢(渐变工具)改变渐变的位置和大小，此时背景制作完毕，效果如图5-69所示。

04 → 置入附赠资源中的"素材\第5章\裙装男子"素材，单击属性栏中的"嵌入"按钮，嵌入后再从右侧的下拉列表中选择"图像描摹">"低保真度照片"命令，如图5-70所示。

图5-69　绘制形状并调整渐变　　　　图5-70　描摹

05 → 描摹后单击"扩展"按钮，如图5-71所示。

图5-71　扩展

06 → 扩展后按快捷键Ctrl+Shift+G将对象取消群组，选择白色背景，按Delete键将其删除，得到图5-72所示的效果。

07 → 执行菜单中的"窗口">"画笔"命令，打开"画笔"面板，单击"画笔库菜单"按钮，在弹出菜单中选择"装饰">"典雅的卷曲和花形画笔组"命令，效果如图5-73所示。

图5-72　删除

08 → 在打开的"典雅的卷曲和花形画笔组"面板中，使用✒(画笔工具)在文档中绘制笔触，如

081

图5-74所示。

技巧

绘制的笔触对象可以通过设置"描边宽度"来改变画笔图形的宽度。

图5-73 选择画笔组　　　图5-74 绘制笔触

09→ 执行菜单中的"对象">"扩散外观"命令，将画笔路径转换为矢量图，如图5-75所示。

10→ 按快捷键Ctrl+[将对象向后移动一层，多按几次将其放置到人物后面，在"渐变"面板中设置渐变进行填充，效果如图5-76所示。

图5-75 扩散外观　　　图5-76 渐变效果

11→ 复制对象，在右边的控制点上按住鼠标左键向左拖动，将其进行翻转，效果如图5-77所示。

12→ 复制翅膀图形，填充白色到黑色的渐变色，效果如图5-78所示。

图5-77 翻转　　　图5-78 渐变效果

13→ 制作另一面的翅膀图形后，使用 (钢笔工具)在翅膀图形上绘制路径，效果如图5-79所示。

14→ 在"画笔"面板中单击"画笔库菜单"按钮，在弹出菜单中选择"装饰">"装饰_散布"命令，在"装饰_散布"面板中双击"点环"选项，为路径描边画笔，效果如图5-80所示。

图5-79 绘制路径

图5-80 画笔描边

15→ 制作另一面画笔描边，效果如图5-81所示。

16→ 绘制6条白色竖线，选择画笔笔触后，在文档中绘制，效果如图5-82所示。

图5-81 画笔描边

图5-82 绘制竖线

17→ 置入附赠资源"素材\第5章"文件夹中本例需要的素材，单击"嵌入"按钮放置到文档中，调整大小和顺序后，放置至相应位置，效果如图5-83所示。

18→ 使用 (椭圆工具)绘制一个黑色椭圆，按快捷键Ctrl+[多次，将其调整至人物的后面，效果如图5-84所示。

图5-83 置入素材

图5-84 绘制椭圆

19→ 执行菜单中的"效果">"模糊">"高斯模糊"命令，打开"高斯模糊"对话框，参数设置如图5-85所示。

20→ 设置完毕后单击"确定"按钮,设置"混合模式"为"正片叠底"、"不透明度"为30%,效果如图5-86所示。

图5-85 "高斯模糊"对话框

图5-86 设置模糊后的图像

21→ 使用 ✎(钢笔工具)绘制形状,填充白色与青色,效果如图5-87所示。

22→ 输入文字,使用 ✎(画笔工具)绘制"装饰_散布"面板中的"透明图形1",至此本例制作完毕,最终效果如图5-88所示。

图5-87 绘制形状并填充颜色

图5-88 最终效果

案例33 宽度工具:科幻

教学视频

本案例的目的是让读者了解在Illustrator中使用 ✎(宽度工具)为路径调整宽度,为其应用"高斯模糊"效果并结合"混合模式"完成,图5-89为其绘制流程图。

图5-89 绘制流程图

084

第5章 图形的特殊编辑制作

案例 重点
- 置入素材
- 设置混合模式
- 使用钢笔工具绘制路径
- 使用宽度工具调整路径
- 高斯模糊
- 使用直线段工具

案例 步骤

01 → 执行菜单中的"文件">"新建"命令，新建一个空白文档。置入附赠资源中的"素材\第5章\科幻"素材，单击属性栏中的"嵌入"按钮，将"科幻"素材置入文档中，如图5-90所示。

02 → 置入附赠资源中的"素材\第5章\超人"素材，单击属性栏中的"嵌入"按钮，将"超人"素材置入文档中，如图5-91所示。

03 → 将"超人"素材移动至"科幻"素材上面，在"透明度"面板中，设置"混合模式"为"叠加"，效果如图5-92所示。

图5-90 素材1　　　　　　　　图5-91 素材2

04 → 使用 (钢笔工具)在图像中绘制白色路径，如图5-93所示。

图5-92 混合模式　　　　　　　图5-93 绘制路径

05 → 使用 (宽度工具)在路径底部向外拖动，将路径边框沿路径向内拖动增加调整点，将顶端控制点使用 (宽度工具)向内拖动，使其变为圆头，如图5-94所示。

图5-94 使用宽度工具调整

06 → 选择调整后的对象，按快捷键Ctrl+C复制，按快捷键Shift+Ctrl+V原位粘贴，将副本填充为青色，如图5-95所示。

07 → 执行菜单中的"效果">"模糊">"高斯模糊"命令,打开"高斯模糊"对话框,参数设置如图5-96所示。

08 → 设置完毕后单击"确定"按钮,效果如图5-97所示。

图5-95 复制对象　　　　　图5-96 "高斯模糊"对话框　　　　　图5-97 模糊效果

09 → 绘制椭圆,填充从青色到透明的渐变色,效果如图5-98所示。

10 → 复制填充渐变色的椭圆,设置"混合模式"为"叠加"、"不透明度"为80%,效果如图5-99所示。

图5-98 渐变填充　　　　　　　　　　图5-99 复制并设置混合模式

11 → 使用同样的方法制作另外两条线条,效果如图5-100所示。

12 → 使用 T (文字工具)在椭圆渐变色上输入字母C、P、Q,效果如图5-101所示。

13 → 使用 (直线段工具)绘制竖线,再使用 (宽度工具)调整路径的宽度形状,效果如图5-102所示。

图5-100 线条　　　　　图5-101 输入文字

14 → 执行菜单中的"效果">"模糊">"高斯模糊"命令,打开"高斯模糊"对话框,参数设置如图5-103所示。

图5-102 调整宽度　　　　　图5-103 "高斯模糊"对话框

15→ 设置完毕后单击"确定"按钮,设置"混合模式"为"颜色减淡",效果如图5-104所示。

16→ 使用同样的方法制作另外几种效果,至此本例制作完毕,最终效果如图5-105所示。

图5-104 模糊后设置混合模式　　　　　　图5-105 最终效果

案例34 网格工具：吉祥物

教学视频

本案例的目的是让读者了解在Illustrator中使用▦(网格工具)将平面制作成立体效果,结合其他工具制作吉祥物的方法,图5-106为吉祥物绘制流程图。

图5-106 绘制流程图

案例重点

- 使用椭圆工具
- 路径查找器
- 使用网格工具
- 使用宽度工具
- 使用钢笔工具
- 高斯模糊
- 渐变填充

案例步骤

01→ 执行菜单中的"文件">"新建"命令,新建一个空白文档。使用◯(椭圆工具)绘制3个椭圆,如图5-107所示。

02→ 使用▷(直接选择工具)在上面的两个椭圆顶部分别进行调整,效果如图5-108所示。

03→ 框选所有对象,执行菜单中的"窗口">"路径查找器"命令,打开"路径查找器"面板,单击"联集"按钮,效果如图5-109所示。

04→ 使用▦(网格工具)在对象上单击,添加网格,将添加网格处填充为灰色,效果如图5-110所示。

图5-107 绘制椭圆　　　图5-108 调整　　　　　　图5-109 联集效果

05 → 使用 ◯(椭圆工具)绘制一个白色椭圆,再使用 ▷(直接选择工具)调整椭圆的形状,效果如图5-111所示。

图5-110 添加网格　　　　　　　　　图5-111 调整椭圆

06 → 使用 ▦(网格工具)在椭圆两边上单击创建网格,并为其填充红色,作为腮红,如图5-112所示。

图5-112 创建网格

07 → 使用 ◯(椭圆工具)绘制眼睛、鼻子,使用 ✎(钢笔工具)绘制嘴巴路径,再使用 ∼(宽度工具)调整路径的宽度,效果如图5-113所示。

08 → 使用 ✎(钢笔工具)绘制一个半圆,将其填充为(C:80 M:10 Y:45 K:0),设置"混合模式"为"强光",效果如图5-114所示。

图5-113 绘制路径　　　　　　　　　图5-114 混合模式

09→ 使用 ◯(椭圆工具)绘制椭圆,再使用 ▷(直接选择工具)调整椭圆的形状,效果如图5-115所示。

10→ 使用 ▦(网格工具)在椭圆两边上单击创建网格,为网格填充灰色,效果如图5-116所示。

11→ 使用 ╱(直线段工具)绘制竖线,再使用 ⚒(宽度工具)调整路径的宽度,如图5-117所示。

图5-115 绘制椭圆并调整

图5-116 创建网格

图5-117 调整路径

12→ 复制两个副本,完成脚部的制作,使用同样的方法制作另一只脚,至此吉祥物主体制作完毕,效果如图5-118所示。

13→ 绘制一个黑色椭圆,将其调整到最后一层,如图5-119所示。

14→ 执行菜单中的"效果">"模糊">"高斯模糊"命令,打开"高斯模糊"对话框,参数设置如图5-120所示。

图5-118 制作脚

图5-119 绘制椭圆

图5-120 "高斯模糊"对话框

15→ 设置完毕后单击"确定"按钮,设置"混合模式"为"正片叠底"、"不透明度"为40%,如图5-121所示。

16→ 下面制作背景,使用 ▭(矩形工具)绘制矩形,为矩形填充从白色到淡青色的径向渐变,效果如图5-122所示。

图5-121 模糊效果

图5-122 渐变填充

17→ 将吉祥物移动至背景上，效果如图5-123所示。

18→ 使用 T.(文字工具)在背景上输入文字，完成本例的制作，最终效果如图5-124所示。

图5-123 移动对象

图5-124 最终效果

知识拓展

使用 (网格工具)为对象添加网格并填充颜色，可以为对象创建渐变效果，创建方法如图5-125所示。

图5-125 轮廓字

技 巧

对使用 (网格工具)创建的网格，按住Alt键在网格锚点上单击，即可将当前网格清除，如图5-126所示。

图5-126 清除网格

本章练习

练习

1. 将圆形与矩形进行混合。
2. 利用宽度工具调整轮廓宽度。

习题

1. 用于辅助绘制透视图形的工具是哪个？（　　）

   A. 网格工具　　　　　　　　　B. 透视网格工具

   C. 矩形网格工具　　　　　　　D. 宽度工具

2. 使用 (混合工具)对两个具有相同描边色、不同填充色的封闭图形进行混合，下列描述不正确的说法是哪个？( )

    A. 两个填充色必须都是CMYK模式定义的颜色

    B. 两个填充色必须都是RGB模式定义的颜色

    C. 两个填充色可以是CMYK与RGB模式定义的颜色

    D. 两个填充色可以是CMYK、RGB或HBS模式定义的颜色

3. 在使用 (混合工具)制作混合对象时，两个相混合的对象间最多允许有多少个中间过渡对象？( )

    A. 1000   B. 999   C. 99   D. 100

第6章 企业形象设计

企业形象设计,是指一个企业为了获得社会的理解与信任,将企业的宗旨和产品包含的文化内涵传达给公众,从而建立自己的视觉体系形象系统。本章精心制作了标志设计、名片设计、纸杯设计、T恤设计、道旗设计和手提兜设计几个案例,通过案例形式来展现企业形象设计的相关知识。

CI(corporate identity,企业识别),意译为"企业形象统一战略"。CI设计又称企业形象设计,下面主要讲解CI的设计理念与作用、具体组成部分,以及企业标志的概念和表现形式等。

CI的设计理念与作用

CI是将企业文化与经营理念统一设计,利用整体表达体系(尤其是视觉表达系统),传达给企业内部与公众,使其对企业产生一致的认同感,以形成良好的企业印象,最终促进企业商品和服务的销售。CI的作用主要分为对内与对外两部分。

对内

企业可通过CI设计对其办公系统、生产系统、管理系统,以及营销、包装、广告等宣传形象形成规范设计和统一管理,由此调动企业每个职员的积极性、归属感和认同感,使各职能部门能各行其职、有效合作。

对外

通过一体化的符号形式形成企业的独特形象,便于公众辨别、认同企业形象,促进企业商品或服务的推广。

CI的具体组成部分

CI系统是由MI(mind identity,理念识别)、BI(behavior identity,行为识别)、VI(visual identity,视觉识别)三方面组成的。其核心是MI,它是整个CI的最高决策层,为整个系统奠定了理论基础和行为准则,并通过BI与VI表达出来。所有的行为活动与视觉设计都是围绕着MI这个中心展开的,成功的BI与VI就是将企业的独特精神准确地表达出来。

MI(理念识别)

企业理念,对内影响企业的决策、活动、制度、管理等,对外影响企业的公众形象、广告宣传等。所谓MI,是指确立企业自己的经营理念,企业对目前和将来一定时期的经营目标、经营思想、经营方式和营销状态进行总体规划和界定。主要内容包括企业精神、企业价值观、企业文化、企业信条、经营理念、经营方针、市场定位、产业构成、组织体制、管理原则、社会责任和发展规划等。

BI(行为识别)

BI直接反映企业理念的个性和特殊性,包

括对内的组织管理和教育，对外的公共关系、促销活动、资助社会性的文化活动等。

VI(视觉识别)

VI是企业的视觉识别系统，包括基本要素(企业名称、企业标志、标准字、标准色、企业造型等)和应用要素(产品造型、办公用品、服装、招牌、交通工具等)，通过具体符号的视觉传达设计，直接进入人脑，留下对企业的视觉印象。

企业标志的概念

企业标志承载着企业的无形资产，是企业综合信息传递的媒介。标志作为企业CI战略的最主要部分，在企业形象传递过程中，是应用最广泛、出现频率最高，同时也是最关键的元素。企业强大的整体实力、完善的管理机制、优质的产品和服务，都被涵盖于标志中，通过不断刺激和反复刻画，深深地留在受众心中。企业标志可分为企业自身的标志和商品标志。

企业标志的表现形式

标志的设计形式主要由文字、图形两大要素构成。运用不同的要素，或由二者相结合是组成标志的基础，并由此派生出标志的不同种类。文字类标志包括汉字类标志与拉丁字母类标志；图形类标志包括具象图形标志和抽象图形标志；由文字和图形相结合又构成了表现形式众多的综合类标志。

作品欣赏

图6-1为VI作品设计效果。

图6-1　VI作品效果

案例35　标志设计

教学视频

本案例的目的是让读者了解在Illustrator中各个工具和命令相结合制作企业标志的方法，图6-2为标志的绘制流程图。

图6-2　绘制流程图

案例重点

- 创建轮廓
- 使用形状生成器工具
- 复合路径
- 使用旋转扭曲变形工具

案例步骤

制作文字复合路径

01→ 执行菜单中的"文件">"新建"命令，新建一个空白文档。使用 T (文字工具)在页面中输入一个字体粗一些的字母s，如图6-3所示。

02→ 执行菜单中的"文字">"创建轮廓"命令，将文字转换为矢量图，效果如图6-4所示。

03→ 使用 (钢笔工具)在文字左下方创建一个封闭路径，如图6-5所示。

图6-3　输入字母

图6-4　创建轮廓

图6-5　绘制封闭路径

技巧

如果计算机中没有合适的字体，可以使用 (钢笔工具)自己绘制一个与文字一样的路径。

04 → 框选文字与封闭路径,使用 (形状生成器工具)在封闭路径内单击,再将多余的部分选择后按Delete键删除,效果如图6-6所示。

05 → 使用 (椭圆工具)在剩余部分位置绘制一个正圆,框选所有对象后,执行菜单中的"对象">"复合路径">"建立"命令,将对象通过路径复合进行简化裁剪,过程如图6-7所示。

图6-6 形状生成器后删除　　　　　　　　　　　图6-7 复合路径

06 → 使用 (椭圆工具)在简化裁剪处绘制一个黑色正圆,完成本部分制作,如图6-8所示。

制作标志球

01 → 使用 (添加锚点工具)在路径上单击添加锚点,再使用 (直接选择工具)调整形状,效果如图6-9所示。

02 → 使用 (直线段工具)绘制斜线路径,再使用 (椭圆工具)绘制黑色正圆,完成本部分制作,如图6-10所示。

图6-8 绘制正圆　　　　　　　　　　　图6-9 添加锚点并调整形状

制作旋转扭曲效果

使用 (旋转扭曲工具)在右下角处按住鼠标,使对象按照笔触内进行逆时针旋转变形,如图6-11所示。

图6-10 绘制图形

图6-11 旋转扭曲变形

技巧

使用 (旋转扭曲工具)变形对象时，可以在按住Alt键的同时再按住鼠标进行拖动来变换笔触大小，向右拖动会变宽，向左拖动会变窄，如图6-12所示。向上拖动会变高，向下拖动会变矮，如图6-13所示。

图6-12　变宽与变窄笔触

图6-13　变高与变矮笔触

使用 (旋转扭曲工具)变形对象时，双击工具按钮，打开"旋转扭曲工具选项"对话框，当"旋转扭曲速率"为正值时按逆时针旋转，为负值时按顺时针旋转，如图6-14所示。

图6-14　变形

制作文字部分

01 → 使用 T (文字工具)在文档中输入文字"尚都"，如图6-15所示。

02 → 选择文字，执行菜单中的"文字">"创建轮廓"命令，将文字转换为矢量图，如图6-16所示。

03 → 按快捷键Ctrl+Shift+G，将矢量文字取消群组，将"都"移动至"尚"的下方，效果如图6-17所示。

图6-15　输入文字

图6-16　创建轮廓

图6-17　调整文字位置

制作背景部分

使用 ☐(矩形工具)绘制一个矩形,设置填充色与描边色。将标志图形移动至背景上,完成本例的制作,绘制白色图形后,调整不透明度可以得到最终效果,如图6-18所示。

图6-18 最终效果

案例36 名片设计

教学视频

本案例的目的是让读者了解在Illustrator中使用各个工具和命令相结合制作名片的方法,图6-19为名片的绘制流程图。

图6-19 绘制流程图

案例重点
- 复制标志
- 插入符号
- 绘制矩形
- 使用平滑工具平滑矩形的角
- 设置文字字符

案例步骤

制作背景版面

01→ 执行菜单中的"文件">"新建"命令,新建一个空白文档。使用▢(矩形工具)在文档中单击,绘制一个"宽度"为90mm、"高度"为54mm的矩形,效果如图6-20所示。

02→ 绘制一个矩形,填充为铁红色,此时背景版面制作完毕,效果如图6-21所示。

图6-20 绘制矩形

图6-21 绘制矩形并填充

制作标志

01→ 打开之前制作的Logo,将标志图形复制后粘贴到名片内,如图6-22所示。

02→ 选择标志中的文字,将其填充为铁红色,如图6-23所示。

图6-22 移入标志

图6-23 填充颜色

制作文字部分

01→ 使用 T (文字工具)输入白色文字,效果如图6-24所示。

02→ 执行菜单中的"窗口">"文字">"字符"命令,打开"字符"面板,设置"字间距"为200,效果如图6-25所示。

03→ 使用 T (文字工具)在名片左面输入黑色文字,如图6-26所示。

图6-24 输入文字

04→ 执行菜单中的"窗口">"符号"命令,打开"符号"面板,单击"符号库菜单"按钮,在弹出菜单中选择"网页图标"命令,打开"网页图标"面板后,选择"电话"选项,如图6-27所示。

图6-25 调整字距

图6-26 输入文字

05→ 拖动"电话"图标,将其移动至相应位置,调整大小后,完成名片制作,效果如图6-28所示。

图6-27 执行命令打开面板　　　　　图6-28 名片效果

06→ 再制作两种 不同布局的名片,效果如图6-29所示。

图6-29 其他名片效果

制作名片背面

01 → 绘制矩形，制作版式，如图6-30所示。

02 → 将标志图形移动至中间矩形上，使用 ✏️(平滑工具)在矩形的4个角上拖动，将其进行平滑处理，如图6-31所示。

03 → 使用 ✏️(平滑工具)在4个角上拖动，继续进行平滑处理，效果如图6-32所示。

图6-30 制作版式

图6-31 平滑

04 → 输入文字后完成名片背面的制作，效果如图6-33所示。

图6-32 平滑

图6-33 名片背面

案例37 纸杯设计

教学视频

本案例的目的是让读者了解在Illustrator中使用各个工具和命令相结合制作纸杯的方法，图6-34为纸杯的绘制流程图。

图6-34 绘制流程图

第6章　企业形象设计

案例 重点
- 绘制矩形
- 将矩形调整为梯形
- 渐变填充
- 描边渐变填充
- 创建混合效果
- 插入符号

案例 步骤

制作杯身

01→ 执行菜单中的"文件">"新建"命令，新建一个空白文档。使用 ▭(矩形工具)在文档中单击绘制一个矩形，再使用 ▷(直接选择工具)将矩形调整为梯形效果，如图6-35所示。

02→ 使用 ✏(添加锚点工具)在路径上单击添加锚点，再使用 ▷(直接选择工具)调整形状，效果如图6-36所示。

图6-35　绘制矩形并调整为梯形　　　　图6-36　调整形状

03→ 执行菜单中的"窗口">"渐变"命令，打开"渐变"面板，设置渐变色为灰色到白色再到灰色的线性渐变，效果如图6-37所示。

04→ 使用 ✒(钢笔工具)在杯身下部绘制白色和黑色的轮廓线，选择轮廓线后，执行菜单中的"对象">"路径">"轮廓化描边"命令，此时杯身部分绘制完毕，效果如图6-38所示。

图6-37　填充渐变　　　　　　　　　图6-38　绘制修饰线

制作杯口部分

01→ 使用 ⭕(椭圆工具)在杯身上部绘制白色椭圆，效果如图6-39所示。

02→ 选择"描边"后，在"渐变"面板中设置渐变色为白色至灰色的径向渐变，效果如图6-40所示。

03→ 复制椭圆，将其缩小，将"描边"设置为淡黄色，填充从白色到灰色的线性渐变，效果如图6-41所示。

04→ 将杯口处的两个椭圆一同选中，执行菜单中的"对象">"混合">"建立"命令，效果如图6-42所示。

图6-39 绘制椭圆

图6-40 设置描边渐变

图6-41 渐变填充

图6-42 混合效果

05→ 执行菜单中的"对象">"混合">"混合选项"命令,打开"混合选项"对话框,参数设置如图6-43所示。

06→ 设置完毕后单击"确定"按钮,此时杯口制作完毕,效果如图6-44所示。

图6-43 "混合选项"对话框

图6-44 杯口

制作纸杯修饰部分

01→ 打开之前制作的Logo,将标志图形复制并粘贴到杯身上,将文字部分填充为黑色,将标识部分填充为铁红色,设置"不透明度"为70%,效果如图6-45所示。

02→ 执行菜单中的"窗口">"符号"命令,打开"符号"面板,单击"符号库菜单"按钮,在弹出菜单中选择"庆祝"命令,如图6-46所示。

图6-45 设置Logo

图6-46 选择符号

03→ 在打开的"庆祝"面板中,选择"五彩纸屑"选项,将其拖动至杯身上,如图6-47所示。

第6章 企业形象设计

04 → 设置"不透明度"为80%,复制符号,效果如图6-48所示。

图6-47 插入符号　　　　　　图6-48 用五彩纸屑修饰杯子

05 → 绘制一个黑色椭圆,按快捷键Shift+Ctrl+[将黑色椭圆调整至最后面,效果如图6-49所示。

06 → 执行菜单中的"效果">"模糊">"高斯模糊"命令,打开"高斯模糊"对话框,参数设置如图6-50所示。

图6-49 绘制椭圆　　　　　　图6-50 "高斯模糊"对话框

07 → 设置"混合模式"为"正片叠底"、"不透明度"为40%,如图6-51所示。

08 → 至此本例制作完毕,最终效果如图6-52所示。

图6-51 设置混合模式　　　　图6-52 最终效果

案例38　T恤设计

教学视频

本案例的目的是让读者了解在Illustrator中使用各个工具和命令相结合制作T恤的方法,图6-53为T恤的绘制流程图。

图6-53 绘制流程图

103

| 案例 | 重点 |

- 使用钢笔工具绘制路径
- 实时上色
- 调整顺序
- 镜像复制

| 案例 | 步骤 |

制作T恤主体

执行菜单中的"文件">"新建"命令,新建一个空白文档。使用 (钢笔工具)在文档中绘制T恤的主体路径,如图6-54所示。

制作T恤袖子

01→ 使用 (钢笔工具)在主体处绘制路径,按快捷键Shift+Ctrl+]将其放置到最后面,效果如图6-55所示。

图6-54 绘制T恤主体

02→ 在袖口处绘制一条虚线,效果如图6-56所示。

图6-55 绘制袖子并调整顺序

图6-56 绘制虚线

> **提示**
>
> 为线条制作虚线效果时,还可以在"描边"面板中勾选"虚线"复选框并设置参数得到虚线效果。

03→ 框选袖子和虚线,使用 (实时上色工具)将填充色设置为铁红色,在虚线与袖口交叉得到的封闭区域单击进行填充,效果如图6-57所示。

04→ 双击 (镜像工具)按钮,打开"镜像"对话框,选择"垂直"单选按钮后,单击"复制"按钮,效果如图6-58所示。

05→ 将副本移动至另一边,此时袖子制作完毕,效果如图6-59所示。

图6-57 绘制修饰线

图6-58 复制

图6-59 移动

制作T恤领口

01 → 绘制椭圆,使用 (直接选择工具)调整椭圆的形状,将其填充为铁红色,效果如图6-60所示。

02 → 复制领口图形,将其缩小后填充白色,调整形状,完成领口制作,效果如图6-61所示。

图6-60 绘制椭圆并调整形状　　　　　图6-61 变换副本填充白色

制作扣子及企业标志

01 → 打开之前制作的Logo,将文字填充铁红色,将标识填充为黑色,如图6-62所示。

02 → 绘制红色扣子,复制两个副本,至此正面制作完毕,效果如图6-63所示。

制作T恤背面

复制主体和袖子后,使用 (钢笔工具)绘制领口背面,填充铁红色,至此背面制作完毕,效果如图6-64所示。

图6-62 标志　　　　图6-63 正面　　　　图6-64 T恤背面

案例39 道旗设计

教学视频

本案例的目的是让读者了解在Illustrator中使用各个工具和命令相结合制作道旗的方法,图6-65为道旗的绘制流程图。

图6-65 绘制流程图

|案例 重点|
- 绘制矩形
- 填充渐变色
- 插入符号
- 调整不透明度

|案例 步骤|

制作道旗骨架

01 → 执行菜单中的"文件">"新建"命令，新建一个空白文档。使用▢(矩形工具)在文档中绘制一个矩形，如图6-66所示。

02 → 设置描边颜色为"无"。执行菜单中的"窗口">"渐变"命令，打开"渐变"面板，设置渐变色为从黑色到白色再到黑色的线性渐变，角度为-90°，效果如图6-67所示。

图6-66 绘制矩形　　　图6-67 填充渐变色

03 → 按住Alt键拖动渐变矩形，松开鼠标后系统会复制一个副本，拖动控制点将副本旋转90°后调整大小，效果如图6-68所示。

04 → 使用同样的方法复制两根钢骨，缩小后旋转45°和-45°，移动至相应位置，按快捷键Shift+Ctrl+[将其调整至最后面，效果如图6-69所示。

图6-68 旋转并缩放　　　图6-69 连接钢骨

05 → 使用◯(椭圆工具)在两根大钢骨连接的位置绘制正圆，在"渐变"面板中设置渐变色，效果如图6-70所示。

06 → 此时骨架部分制作完毕，效果如图6-71所示。

图6-70 复制　　　图6-71 骨架

制作旗帜

01 → 使用▢(矩形工具)绘制一个矩形，填充为橘黄色，效果如图6-72所示。

02→ 执行菜单中的"窗口">"符号"命令,打开"符号"面板,单击"符号库菜单"按钮,在弹出菜单中选择"庆祝"命令,如图6-73所示。

03→ 在打开的"庆祝"面板中,选择"五彩纸屑"选项,将其拖动至矩形中,如图6-74所示。

图6-72 绘制矩形　　　　图6-73 选择符号　　　　　　图6-74 插入符号

04→ 设置"不透明度"为30%,再复制一个副本,效果如图6-75所示。

05→ 打开之前制作的Logo,将其复制并粘贴至道旗上,填充为红色后旋转,设置"不透明度",再复制一个Logo,放置到左上角,效果如图6-76所示。

06→ 使用 (文字工具)和 (直排文字工具)输入相应的文字,完成制作,效果如图6-77所示。

07→ 使用同样的方法制作另一面道旗,复制钢骨,将其缩小,作为钢骨与道旗的连接,至此本例制作完毕,最终效果如图6-78所示。

图6-75 调整不透明度并复制　　图6-76 添加Logo　　图6-77 道旗　　图6-78 最终效果

案例40 手提兜设计

教学视频

　　本案例的目的是让读者了解在Illustrator中使用各个工具和命令相结合制作手提兜的方法,图6-79为手提兜的绘制流程图。

图6-79 绘制流程图

案例重点

- 复制标志
- 设置文字
- 使用倾斜工具
- 绘制矩形
- 插入符号

案例步骤

制作手提兜兜体

01 → 执行菜单中的"文件">"新建"命令，新建一个空白文档。使用▢(矩形工具)在文档中绘制一个矩形，再使用 (倾斜工具)将矩形进行斜切处理，效果如图6-80所示。

02 → 按住Alt键向右下角拖动，松开鼠标后复制一个副本，将副本填充为橘黄色，如图6-81所示。

图6-80 绘制矩形并进行斜切处理　　图6-81 复制并填充颜色

03 → 使用 (钢笔工具)在正面与背面处绘制兜体侧身，填充橘黄色和稍深一些的颜色，效果如图6-82所示。

04 → 使用 (钢笔工具)绘制另一侧面，填充橘黄色和白色，调整顺序，效果如图6-83所示。

图6-82 绘制路径并填充颜色　　图6-83 绘制侧面

制作手提兜兜环和兜绳

01 → 使用◯(椭圆工具)绘制正圆，设置"描边"宽度为4pt，效果如图6-84所示。

02 → 执行菜单中的"对象">"路径">"轮廓化描边"命令，复制圆环，并将其移动至纸兜的内侧，效果如图6-85所示。

03 → 使用 (钢笔工具)绘制黑色直线，在"描边"面板中设置"箭头"，效果如图6-86所示。

04 → 使用 (钢笔工具)绘制黑色兜绳，设置"描边"宽度为3pt，效果如图6-87所示。

第6章 企业形象设计

图6-84 绘制正圆

图6-85 复制

图6-86 绘制直线并添加箭头

图6-87 兜绳

制作手提兜修饰

01 → 执行菜单中的"窗口">"符号库">"庆祝"命令,打开"庆祝"面板,如图6-88所示。

图6-88 插入符号

02 → 打开之前制作的标志,将其复制到文档中,效果如图6-89所示。

03 → 使用 (倾斜工具)将图标斜切处理,效果如图6-90所示。

图6-89 添加Logo　　　　　图6-90 将Logo倾斜

109

04 → 使用 ◢(钢笔工具)绘制黑色图形,为其应用"高斯模糊"命令,制作阴影效果,至此本例制作完毕,最终效果如图6-91所示。

图6-91 最终效果

本章练习

练习

虚拟一家企业,设计一个与之相对应的Logo,规格不限。

第 7 章 海报设计

海报设计的主要技术要求是作品必须有相当强的号召力与艺术感染力，要调动形象、色彩、构图、形式感等因素，形成强烈的视觉效果。本章精心制作了旅游海报和汽车宣传海报两个案例，通过案例形式来展现海报设计的相关知识。

海报是一种十分常见的广告形式。海报设计是一种信息传递艺术，是一种大众化的宣传工具。海报设计总的要求是使人一目了然，其画面应有较强的视觉中心，力求新颖，还必须具有独特的艺术风格和设计特点。

海报的类型

海报按其用途不同大致可以分为商业海报、文化海报、电影海报和公益海报等，下面逐一进行介绍。

商业海报

商业海报是指宣传商品或商业服务的广告性海报。设计这类海报时，要恰当地配合产品的格调和受众对象，如图7-1所示。

文化海报

文化海报是指各种社会文娱活动及各类展览的宣传海报，如图7-2至7-4所示。

图7-1 商业海报

图7-2 宣传海报

图7-3 书法海报

图7-4 儿童节海报

电影海报

电影海报(图7-5)主要起到吸引观众注意、刺激电影票房收入的作用，与戏剧海报(图7-6)、文化海报等类似。

图7-5 电影海报

图7-6 戏剧海报

公益海报

公益海报是带有一定思想性的，其具有特定的对公众的教育意义，海报主题包括各种社会公益、道德的宣传，或政治思想的宣传，弘扬爱心奉献、共同进步的精神等，如图7-7和图7-8所示。

图7-7 动物公益海报

图7-8 环保公益海报

海报设计的要求

海报是机关团体和企事业单位对外发布消息时，在特定的位置贴出的广告，也是一种向大众传播信息的媒体。它属于平面媒体的一种，没有音效，只能借助形与色强化传达信息，所以对于色彩方面的应用是很重要的。通常人们看海报的时间很短暂，一般在2～5秒内便可获知海报的内容，所以色彩明度的适当提高、应用色彩的心理效应、使用美观与装饰的色彩等都有助于效果的传达，如此才形成海报指认、传达信息、审美的功能。一般来说，海报设计有如下要求。

- 立意要好。
- 色彩鲜明。采用能够吸引人们注意的色彩形象。
- 构思新颖。要用新的方式和角度去理解问题，创造新的视野和新的观念。
- 构图简练。要用最简单的方式说明问题，引起人们的注意。

海报要重点传达商品的信息，运用色彩的心理效应、强化印象的用色技巧。

总之，设计海报时需要事先预判观赏者的心理反应与感受，才能使观赏者与传达的内容产生共鸣。

海报是以图形和文字为内容，以宣传观念、报道消息或推销产品等为目的。设计海报时，首先要确定主题，再进行构图，最后使用技术手段制作出海报并充实完善。下面介绍海报创意设计的一般方法。

(1) 明确的主题

整幅海报力求有鲜明的主题、新颖的构思、生动的表现等创作原则，才能以有效、美观的方式，达到传送信息的目的。任何广告对象都可能有多种特点，只要抓住一点，一经表现出来，就必然形成一种感召力，促使广告对象产生印象，达到宣传目的。在设计海报时，要对广告对象的特点加以分析，仔细研究，选择具有代表性的特点。

(2) 视觉吸引力

第一，要针对对象、广告的目的，采取正确的视觉形式；第二，要正确运用对比的手法；第三，要善于掌握不同的新鲜感，重新组合进行创造；第四，海报的形式与内容应该具有一致性，这样才能使其吸引力倍增。

(3) 科学性和艺术性

随着科学技术的进步，海报的表现手段越来越丰富，也使海报设计越来越具有科学性。但是，海报的受众是人，海报是通过艺术手段，按照美的规律进行创作的，所以它又不是一门纯粹的科学。海报设计是在广告策划的指导下，用视觉语言传达各类信息。

(4) 灵巧的构思

设计要有灵巧的构思，使作品能够传神达意，这样作品才具有生命力。通过必要的艺术构思，运用恰当的夸张和幽默的手法，揭示商品未被发现的优点，明显地表现出为消费者利益着想的意图，从而拉近消费者的感情，获得广告对象的信任。

(5) 用语精练

海报的用词造句力求精练，在语气上应感情化，使文字在广告中真正起到画龙点睛的作用。

(6) 构图赏心悦目

海报的外观构图应该赏心悦目，营造美好的第一印象。

(7) 内容的体现

设计一幅海报除了选择合适的纸张大小之外，通常还需要掌握文字、图画、色彩及编排等设计原则，标题文字和海报主题是有直接关系的，因此，除了使用醒目的字体与字号外，文字字数不宜太多，尤其需配合文字的速读性与可读性，以及关注远看和边走边看的效果。

(8) 自由的表现方式

海报中图画的表现方式非常自由，除了使用插画或摄影的方式之外，也可以使用纯粹抽象的几何图形来表现。海报的色彩宜采用鲜明色调，并能衬托出主题、引人注目。编排没有一定格式，画面要有美感，并且合乎人们的视觉顺序，因此，在版面的编排上应该掌握形式原理，如均衡、比例、韵律、对比、调和等要素，也要注意版面的留白。

海报的特点

尺寸大

海报通常张贴于公共场所，会受到周围环境和各种因素的干扰，所以必须以大画面及突出的形象和色彩展现在人们面前。其画面尺寸有全开、对开、长三开及特大画面(八张全开)等。

远视强

为了使来去匆匆的人们留下视觉印象，除了尺寸大之外，海报设计还要充分体现定位设计的原理，以突出的商标、标志、标题、图形，或对比强烈的色彩，或大面积的空白，或简练的视觉流程使海报成为视觉焦点，并且具有具有广告典型的特征。

艺术性高

海报包括商业海报和非商业海报两大类。其中，商品海报的表现形式以具体艺术表现力的摄影、造型写实的绘画或漫画形式表现为主，给消费者留下真实感人的画面和富有幽默情趣的感受。

而非商业海报，内容广泛，形式多样，艺术表现力丰富。特别是文化艺术类的招贴画，根据广告主题可以充分发挥想象力，尽情施展艺术手段。许多追求形式美的画家都积极投身到招贴画的设计中，在设计中用自己的绘画语言，设计出风格各异、形式多样的招贴画。

案例41 旅游海报

教学视频

本案例的目的是让读者了解在Illustrator中使用各个工具和命令相结合制作旅游海报的方法，图7-9为该海报的绘制流程图。

图7-9　绘制流程图

第7章 海报设计

案例 重点
- 置入素材
- 画笔描边路径
- 调整顺序
- 圆角矩形
- 剪贴蒙版
- 插入符号

案例 步骤

制作海报背景

01→ 执行菜单中的"文件">"新建"命令，新建一个空白文档。置入附赠资源中的"素材\第7章\旅游背景"素材，单击"嵌入"按钮，在属性栏中设置素材的宽度为297mm、高度为180mm，如图7-10所示。

02→ 置入"云"素材后，将其宽度调整至与背景大小一致，高度按自己的喜好进行相应调整，效果如图7-11所示。

图7-10 设置素材大小　　　　　　　　图7-11 置入素材

03→ 使用▭(矩形工具)在底部绘制黑色描边、白色填充的矩形，设置"不透明度"为50%，至此背景部分制作完毕，效果如图7-12所示。

图7-12 完成背景制作

制作陆地部分

01→ 置入"陆地"素材，调整至相应大小，如图7-13所示。

02→ 按快捷键Ctrl+[将"陆地"素材向后移动一层，此时发现陆地已经在云彩的后面了，效果如图7-14所示。

图7-13 置入素材　　　　　　　　图7-14 调整顺序

03→ 置入"山峰"素材，调整大小后，按快捷键Ctrl+[两次改变顺序，效果如图7-15所示。

115

图7-15 改变素材顺序

04 → 置入"著名景点"素材,调整顺序后得到图7-16所示的效果,此时陆地部分制作完毕。

摆放修饰素材

依次置入"热气球、飞机、长颈鹿、大象和自行车"素材并调整大小,效果如图7-17所示。

制作景点图

01 → 选择 ○(椭圆工具),在背景上按住Shift键绘制一个白色填充、粉色描边的正圆,如图7-18所示。

图7-16 改变素材顺序

图7-17 置入素材

02 → 在属性栏中单击"画笔定义"下拉按钮,在弹出的下拉列表中选择"炭笔-羽毛"选项,使用"炭笔-羽毛"笔触描边,效果如图7-19所示。

图7-18 绘制正圆

图7-19 画笔描边

第7章 海报设计

03 描边后置入"景点1"素材,再复制一个正圆,将副本移动至"景点1"素材上面,效果如图7-20所示。

04 将副本正圆与"景点1"素材一同选中,执行菜单中的"对象">"剪贴蒙版">"建立"命令,为"景点1"素材创建正圆剪贴蒙版,如图7-21所示。

图7-20 置入素材并复制正圆　　　　　图7-21 创建剪贴蒙版

05 执行菜单中的"对象">"剪贴蒙版">"编辑内容"命令,进入编辑状态,拖动控制点,将素材缩小,以中间正圆为准,效果如图7-22所示。

06 编辑完毕后,使用 ▶(选择工具)将蒙版图像拖动至描边正圆的上面,效果如图7-23所示。

图7-22 编辑蒙版　　　　　　　　　图7-23 移动

07 使用同样的方法将"景点2"素材和"景点3"素材也进行剪贴蒙版,效果如图7-24所示。

制作宣传文字

01 使用 T(文字工具)在背景上输入文字"游玩7日行",将字体设置为"文鼎CS行楷",如图7-25所示。

02 执行菜单中的"文字">"创建轮廓"命令,将文字转换为矢量图,再将其填充为草绿色,如图7-26所示。

图7-24 景点图效果

图7-25 输入文字　　　　　　图7-26 转换为矢量图并填充颜色

03 执行菜单中的"对象">"取消群组"命令,选择数字7,将其填充为粉色,效果如图7-27

117

所示。

04 框选所有文字后，执行菜单中的"对象">"路径">"偏移路径"命令，打开"偏移路径"对话框，参数设置如图7-28所示。

05 设置完毕后单击"确定"按钮，效果如图7-29所示。

图7-27 填充颜色

图7-28 "偏移路径"对话框

06 设置填充为白色，效果如图7-30所示。

图7-29 偏移路径

图7-30 填充白色

07 使用 ▶(选择工具)框选文字，按快捷键Ctrl+G将文字群组，再进行相应旋转，效果如图7-31所示。

08 使用 T(文字工具)输入宣传文字，如图7-32所示。

图7-31 旋转文字

图7-32 输入宣传文字

09 执行菜单中的"文字">"创建轮廓"命令，将文字转换为矢量图，再将其填充为淡绿色，效果如图7-33所示。

10 执行菜单中的"对象">"路径">"偏移路径"命令，打开"偏移路径"对话框，参数设置如图7-34所示。

图7-33 填充淡绿色

图7-34 "偏移路径"对话框

11 设置完毕后单击"确定"按钮，效果如图7-35所示。

12 将偏移后的区域填充为白色，效果如图7-36所示。

图7-35 偏移路径　　　　　　　　　　图7-36 填充白色

13 → 使用 ▶(选择工具)框选文字，按快捷键Ctrl+G将文字群组，再进行相应旋转，效果如图7-37所示。

14 → 此时宣传文字部分制作完毕，效果如图7-38所示。

图7-37 群组并旋转文字　　　　　　　图7-38 宣传文字

制作旅游招贴底部

01 → 使用 ▭(圆角矩形工具)在背景底部绘制一个绿色的圆角矩形，如图7-39所示。

02 → 在属性栏中设置"不透明度"为60%，效果如图7-40所示。

图7-39 绘制圆角矩形　　　　　　　　图7-40 设置不透明度

03 → 绘制一个黄色的圆角矩形，如图7-41所示。

04 → 在属性栏中设置"不透明度"为40%，效果如图7-42所示。

图7-41 绘制圆角矩形　　　　　　　　图7-42 设置不透明度

05 → 置入"海边"素材后，使用 ▭(矩形工具)在素材上绘制一个矩形，如图7-43所示。

06→ 将矩形与"海边"素材一同选中,执行菜单中的"对象">"剪贴蒙版">"建立"命令,为"海边"素材创建矩形剪贴蒙版,如图7-44所示。

图7-43 置入素材并绘制矩形　　　　　图7-44 创建蒙版

07→ 使用▶(选择工具)双击剪贴蒙版,进入编辑状态,拖动素材控制点将其缩小,如图7-45所示。

08→ 编辑完成后,在文档空白处双击,系统会完成编辑,将矩形剪贴蒙版移动至左下角,效果如图7-46所示。

图7-45 编辑蒙版　　　　　　　　　图7-46 完成编辑

09→ 执行菜单中的"窗口">"符号库">"Web按钮和条形"命令,打开"Web按钮和条形"面板,选择"球形-蓝色"图标,如图7-47所示。

10→ 将"球形-蓝色"图标拖动至文档中,调整大小后移动至相应位置,如图7-48所示。

图7-47 "Web按钮和条形"面板　　　　图7-48 插入符号

11→ 使用T(文字工具)在背景上输入剩余的相应文字,至此本例制作完毕,最终效果如图7-49所示。

第7章 海报设计

图7-49 最终效果

案例42 汽车宣传海报

教学视频

本案例的目的是让读者了解在Illustrator中使用各个工具和命令相结合制作汽车宣传海报的方法,图7-50为该海报的绘制流程图。

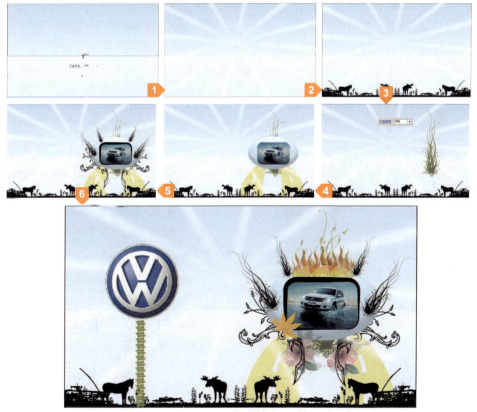

图7-50 绘制流程图

121

案例重点

- 绘制矩形并填充渐变
- 剪贴蒙版
- 旋转复制
- 插入字符
- 高斯模糊
- 画笔描边路径

案例步骤

制作汽车海报背景

01 → 执行菜单中的"文件">"新建"命令，新建一个空白文档。使用▢(矩形工具)在文档中绘制一个"宽度"为297mm、"高度"为180mm的矩形，如图7-51所示。

02 → 选择绘制的矩形，执行菜单中的"窗口">"渐变"命令，打开"渐变"面板，设置为从淡蓝色到白色的线性渐变，角度为-90°，效果如图7-52所示。

图7-51 绘制矩形

图7-52 渐变填充

03 → 双击▷◁(镜像工具)按钮，打开"镜像"对话框，设置镜像参数，效果如图7-53所示。

04 → 使用▶(选择工具)拖动控制点，将矩形变矮，设置"不透明度"为40%，效果如图7-54所示。

图7-53 镜像

图7-54 变换矩形

05 → 使用╱(直线段工具)绘制一条路径，如图7-55所示。

06 → 使用🔽(宽度工具)拖动控制点，使线条一边变宽，效果如图7-56所示。

图7-55 绘制线段

图7-56 使线条变宽

07 → 选择 (旋转工具)，在路径底部按住Alt键单击，将其设置为旋转中心点，此时系统会弹出"旋转"对话框，设置"角度"为30°，单击"复制"按钮，如图7-57所示。

图7-57 旋转复制

08 → 单击"复制"按钮后，按快捷键Ctrl+D进行复制，直到旋转一周为止，如图7-58所示。

09 → 将复制后的对象一同选中，按快捷键Ctrl+G将其群组，执行菜单中的"效果">"模糊">"高斯模糊"命令，打开"高斯模糊"对话框，参数设置如图7-59所示。

10 → 设置完毕后单击"确定"按钮，效果如图7-60所示。

图7-58 旋转复制一周　　图7-59 "高斯模糊"对话框　　图7-60 模糊效果

11 → 绘制一个"宽度"为297mm、"高度"为180mm的矩形，将矩形与后面的模糊对象一同选中，执行菜单中的"对象">"剪贴蒙版">"建立"命令，效果如图7-61所示。

12 → 执行菜单中的"对象">"剪贴蒙版">"编辑内容"命令，进入编辑状态，将模糊对象进行变换调整，效果如图7-62所示。

图7-61 剪贴蒙版

图7-62 编辑内容

13 → 打开附赠资源中的"素材\第7章\动物图像"素材，选择内容后，按快捷键Ctrl+C复制内容，切换到汽车海报中，再按快捷键Ctrl+V将其粘贴至文档中，将素材移动至相应位置，如图7-63所示。

14 → 选择动物素材，双击 (镜像工具)按钮，打开"镜像"对话框，设置镜像参数，如图7-64

所示。

15➜ 使用▶(选择工具)将镜像副本拖动至右侧,完成背景制作,效果如图7-65所示。

图7-63 复制素材并移动位置　　　图7-64 镜像

图7-65 背景

制作插画区域

01➜ 打开附赠资源中的"素材\第7章\草蔓"素材,选择内容后,按快捷键Ctrl+C复制内容,切换到汽车海报中,再按快捷键Ctrl+V将其粘贴至文档中,将素材移动至相应位置,将素材填充为黄色,如图7-66所示。

02➜ 复制"草蔓"素材,得到一个副本后,将其填充为黑色,设置"不透明度"为70%,效果如图7-67所示。

图7-66 移入素材　　　图7-67 复制并填充

03➜ 使用◯(椭圆工具)在草蔓上绘制椭圆,在"渐变"面板中设置参数后,使用▢(渐变工具)调整渐变位置,效果如图7-68所示。

04➜ 置入附赠资源中的"素材\第7章\汽车"素材,单击"嵌入"按钮,调整其相应大小,再使用▢(圆角矩形工具)在上面绘制圆角矩形,打开"公路"素材,复制到当前文档中,按快捷键Ctrl+[向后调整顺序,将"不透明度"设置为50%,如图7-69所示。

05 → 将素材与圆角矩形一同选中,执行菜单中的"对象">"剪贴蒙版">"建立"命令,创建剪贴蒙版,效果如图7-70所示。

图7-68 为椭圆设置渐变

图7-69 置入素材并绘制圆角矩形

图7-70 剪贴蒙版

提示

在未进行剪贴蒙版处理之前,用户可以将被蒙版的图像按照绘制蒙版框先调整大小,这样的好处是直接执行"建立剪贴蒙版"命令后省去了再次编辑的时间。

06 → 在汽车上面绘制一个圆角矩形轮廓,使用 (宽度工具)将上面的轮廓调整得宽一些,效果如图7-71所示。

图7-71 调整宽度

07 → 选择刚才打开的"草蔓"素材,选择草蔓后将其复制到当前编辑文档中,将其放置到相应位置后,调整大小和角度,依次复制4个副本,如图7-72所示。

图7-72 复制

08→ 打开"符号库"中的"绚丽矢量包"面板，选择符号并拖动至文档中，镜像复制一个副本，再按快捷键Ctrl+[向后调整符号顺序，效果如图7-73所示。

图7-73 插入符号1

09→ 打开"符号库"中的"花朵"面板，选择符号并拖动至文档中，复制一个副本，再按快捷键Ctrl+[向后调整符号顺序，效果如图7-74所示。

10→ 打开"符号库"中的"污点矢量包"面板，选择符号并拖动至文档中，复制一个副本，再按快捷键Ctrl+[向后调整符号顺序，设置"不透明度"为20%，效果如图7-75所示。

图7-74 插入符号2　　　　　　　图7-75 插入符号3

11→ 打开"符号库"中的"自然"面板，选择"火"符号拖动至文档中，复制两个副本，将其拖动至汽车上面，再选择"枫叶"符号，将其拖动至汽车的左下角，如图7-76所示。

制作标志区域

01→ 置入附赠资源中的"素材\第7章\标志"素材，单击"嵌入"按钮，将素材嵌入文档中，调整大小，效果如图7-77所示。

图7-76 插入符号4

02→ 使用 ◢(直线段工具)绘制一条竖线，效果如图7-78所示。

图7-77 置入素材　　　　　　　图7-78 绘制线条

03→ 执行菜单中的"窗口">"画笔库">"边框_原始"命令,打开"边框_原始"面板,选择"楔形"图标,如图7-79所示。

04→ 双击"楔形"图标,为路径进行描边,此时本例制作完毕,最终效果如图7-80所示。

图7-79 "边框_原始"面板

图7-80 最终效果

技巧

画笔描边路径产生的效果还可以直接使用 (画笔工具)在文档中通过选择的笔触直接进行绘制,按住Shift键的同时拖动鼠标会以直线的形式进行绘制,效果如图7-81所示。

图7-81 绘制画笔

本章练习

练习

练习"音乐会海报"的制作,要求按照A4纸大小,突出音乐狂欢主题。

第8章 插画设计

插画是一种艺术形式,作为现代设计的一种重要的视觉传达形式,以其直观的形象性、真实的生活感和美好的感染力,在现代设计中占有特定的地位。本章精心制作了回家路、秋两个案例,通过案例形式来展现插画设计的相关知识。

插画被广泛用于现代设计的多个领域,涉及文化活动、社会公共事业、商业活动、影视文化等方面。

插画的表现形式

招贴广告插画

招贴广告插画也称为宣传画、海报。在广告主要依赖印刷媒体传递信息的时代,这种类型插画使用非常广泛,如图8-1所示。但随着影视媒体的出现,其应用范围有所缩小。

报纸插画

报纸是信息传递的媒介之一。报纸插画成本低廉,发行量大,传播面广,制作周期短。

杂志书籍插画

包括封面、封底的设计和正文的插画,广泛被应用于各类书籍,如文学书籍、少儿书籍、科技书籍等。这种插画今后在电子书籍、电子杂志中仍将存在,如图8-2所示。

产品包装插画

产品包装使插画的应用更加广泛。产品包装设计包含标志、图形、文字三个要素,

图8-1 环保插画　　图8-2 杂志插画

如图8-3所示。它有双重使命:一是介绍产品;二是树立品牌形象。最为突出的特点在于它介于平面设计与立体设计之间。

图8-3 产品包装插画

企业形象宣传品插画

它是指企业的VI设计,通常包含在企业形象设计的基础系统和应用系统两部分中。

影视媒体中的影视插画

它是指电影、电视中出现的插画。一般在广告片中使用较多。影视插画也包括在计算机上的应用,其如今成了商业插画的表现空间,如众多的图形库动画(图8-4)、游戏节目、图形表格等。

图8-4 动漫插画

插画的用途

在平面设计领域,人们接触最多的是文学插图与商业插画。

文学插图

再现文章情节、体现文学精神的可视艺术形式,如图8-5所示。

图8-5 文学插画

商业插画

这类插画是为企业或商品传递宣传信息,艺术与商业相结合的一种图形表现形式,如图8-6所示。

图8-6 商业插画

插画的具体分类

按市场的定位分类

包括矢量时尚、卡通风格、写实唯美、漫画插图、概念设定等。

按制作方法分类

包括手绘、矢量、商业、新锐(2D、3D、UI设计)和像素等。

按绘画风格分类

包括中式插画、日式卡通插画、欧美插画、韩国游戏插画等(由于风格多样化,所以只是简单地分类)。

插画技法

无论是传统绘画,还是计算机绘画,插画都是一个相对比较独立的创作过程,具有很强烈的个人情感。有关插画的工作有很多种,像服装的、书籍的、报纸副刊的、广告的、电脑游戏的。不同性质的工作需要不同的插画创作人员,所需风格及技能也有所差异。即使是专业的杂志插画,每家杂志社的风格也不一定相同。所以插画现在越来越商业化和专业化,要求也越来越高。

要绘制插画,首先要把基本功练好,如素描、速写等。练习素描,是训练光影、构图的能力。速写则是训练记忆,用简单的笔调快速地绘出影像感觉,让手及脑更加灵活。然后就可多尝试用不同的颜料作画,像水彩、油画、色铅笔、粉彩等，从而找到适合自己的上色方式。

当然，也可以使用计算机绘图，像Illustrator、Photoshop、Painter等绘图软件。简单来说，Illustrator是矢量绘图软件，Photoshop是位图绘图软件，而Painter则是模仿手绘画笔的软件。

插画的创作表现可以具象，也可抽象，创作的自由度极高，当通过摄影无法拍摄到实体影像时，借助插画的表现则为最佳选择。

案例43　回家路

教学视频

本案例的目的是让读者了解在Illustrator中使用各个工具和命令相结合制作"回家路"插画的方法，图8-7为该插画的绘制流程图。

图8-7　绘制流程图

案例重点

- 渐变填充
- 使用褶皱工具
- 插入符号
- 调整顺序
- 使用钢笔工具、直接选择工具绘制形状
- 使用旋转扭曲工具
- 路径偏移

案例步骤

制作背景

01 → 执行菜单中的"文件">"新建"命令，新建一个空白文档。使用▭(矩形工具)在文档中绘制一个"宽度"为207mm、"高度"为245mm的矩形，如图8-8所示。

02 → 选择矩形，执行菜单中的"窗口">"渐变"命令，打开"渐变"面板，参数设置如图8-9所示。

03 → 使用 (钢笔工具)在矩形底部绘制图8-10所示的路径。

图8-8 绘制矩形

图8-9 设置渐变

图8-10 绘制路径

04 → 打开"渐变"面板，为绘制的路径填充渐变，如图8-11所示。

05 → 按快捷键Ctrl+C复制，再按快捷键Ctrl+F将其粘贴在前面，拖动控制点将副本变矮，效果如图8-12所示。

06 → 使用 (渐变工具)调整渐变色的位置，效果如图8-13所示。

图8-11 填充渐变

图8-12 复制并调整

图8-13 调整渐变

07 → 渐变调整完毕后，使用 (褶皱工具)在副本上拖动，使对象产生褶皱效果，如图8-14所示。

图8-14 创建褶皱

08 → 执行菜单中的"窗口">"符号库">"自然"命令，打开"自然"面板，选择其中的草和树木图标，将其拖动至文档中，如图8-15所示。

图8-15 完成背景制作

制作云彩与太阳

01 → 使用 ◯（椭圆工具）在天空处绘制白色椭圆，将几个椭圆进行组合，使其成为云朵形状，效果如图8-16所示。

02 → 选择云朵，按快捷键Ctrl+C复制，再按快捷键Ctrl+V粘贴，得到云朵副本，依次复制放置到相应位置，调整大小后效果如图8-17所示。

图8-16 绘制椭圆云彩

03 → 云彩制作完毕后，再制作太阳效果。使用 ◯（椭圆工具）在天空处绘制橘色正圆，如图8-18所示。

图8-17 复制云朵　　　　　　图8-18 绘制正圆

04 → 选择正圆，按快捷键Ctrl+C复制，再按快捷键Ctrl+F将其粘贴在前面，执行菜单中的"效果">"模糊">"高斯模糊"命令，打开"高斯模糊"对话框，参数设置如图8-19所示。

05 → 设置完毕后单击"确定"按钮，此时云彩与太阳制作完毕，效果如图8-20所示。

图8-19 "高斯模糊"对话框　　　　图8-20 模糊效果

制作主角动物

01 → 使用 ◯（椭圆工具）在页面中的合适位置拖动鼠标绘制一个椭圆，通过 ▷（直接选择工具）

调整节点的位置及形状，设置填充颜色为(C:0 M:10 Y:100 K:11)，描边颜色为(C:0 M:60 Y:100 K:50)，效果如图8-21所示。

02→ 选择椭圆，按快捷键Ctrl+C复制，再按快捷键Ctrl+F粘贴在前面，设置描边为无，填充颜色为(C:0 M:10 Y:100 K:0)，使用 ▷(直接选择工具)调整副本的形状，效果如图8-22所示。

03→ 使用 ◯(椭圆工具)在页面中的合适位置绘制大小不一的圆形作为眼睛，并通过"颜色"面板设置其填充属性为黑色，效果如图8-23所示。

图8-21 绘制椭圆并调整形状　　　图8-22 调整副本　　　图8-23 绘制眼睛

04→ 使用 ✐(钢笔工具)在眼睛下面绘制鼻子，绘制后再通过 ▷(直接选择工具)调整鼻子的形状，为其填充与之对应的颜色，如图8-24所示。

05→ 使用 ✐(钢笔工具)在页面中的合适位置绘制嘴巴，再通过 ▷(直接选择工具)对相应的节点进行编辑修改，填充颜色为(C:0 M:0 Y:47 K:0)，设置描边为无色，效果如图8-25所示。

06→ 使用 ✐(钢笔工具)结合 ▷(直接选择工具)绘制毛发效果，对绘制的图形填充相应的颜色，效果如图8-26所示。

图8-24 绘制鼻子　　　图8-25 绘制嘴巴　　　图8-26 绘制毛发

07→ 使用 ◯(椭圆工具)在身体处绘制椭圆，将其作为动物的脚，在"颜色"面板中为"填充"与"描边"填充相应的颜色，如图8-27所示。

08→ 执行菜单中的"对象">"排列">"置于底层"命令，将脚放置到身体的后面，效果如图8-28所示。

09→ 使用同样的方法绘制主角动物的另一只脚，效果如图8-29所示。

图8-27 绘制脚　　　图8-28 调整顺序　　　图8-29 绘制另一只脚

10→ 使用 ✐(钢笔工具)结合 ▷(直接选择工具)绘制翅膀与尾巴，通过"颜色"面板选择颜色进行填充，效果如图8-30所示。

11→ 使用 ◯(椭圆工具)绘制椭圆，填充淡绿色，按快捷键Ctrl+[几次，将其调整到眼睛后面，再使用 ✐(钢笔工具)结合 ▷(直接选择工具)绘制高光，如图8-31所示。

⑫ → 复制眼睛与高光,移动至另一边,调整"不透明度"为90%,效果如图8-32所示。

图8-30　绘制翅膀与尾巴　　　　　图8-31　绘制眼睛　　　　　图8-32　设置不透明度

⑬ → 使用 ◯ (椭圆工具)绘制椭圆,通过"颜色"面板设置填充与描边的颜色,效果如图8-33所示。

⑭ → 使用 ╱ (直线段工具)绘制与椭圆描边一样颜色的线条,效果如图8-34所示。

⑮ → 选择椭圆与线段,按快捷键Ctrl+Shift+[将其移动至身体后面,效果如图8-35所示。

图8-33　绘制椭圆　　　　　图8-34　绘制线条　　　　　图8-35　调整顺序

⑯ → 使用 ▢ (圆角矩形工具)绘制一个圆角矩形作为伞手柄,如图8-36所示。

⑰ → 选择伞手柄,按快捷键Ctrl+[多次,将其向后调整顺序,直到调整至翅膀后面,效果如图8-37所示。

⑱ → 框选整个小动物,按快捷键Ctrl+G进行编组,将其调整至背景上,效果如图8-38所示。

图8-36　伞手柄　　　　　图8-37　调整顺序　　　　　图8-38　调整位置

⑲ → 使用 ✒ (钢笔工具)结合 ▷ (直接选择工具)绘制投影形状,将其填充为绿色,效果如图8-39所示。

⑳ → 设置"不透明度"为20%,此时主角动物制作完毕,效果如图8-40所示。

图8-39　绘制投影　　　　　　　　　图8-40　设置不透明度

制作文字部分

01 → 使用 T(文字工具)在背景上输入文字"回家路上",效果如图8-41所示。
02 → 执行菜单中的"文字">"创建轮廓"命令,将文字转换为矢量图,效果如图8-42所示。
03 → 执行菜单中的"对象">"取消编组"命令,将单个文字移动至相应位置,效果如图8-43所示。

图8-41　输入文字　　　　　图8-42　转换为矢量图　　　　　图8-43　移动文字

04 → 使用 (旋转扭曲工具)在文字"上"上面按住鼠标,使其进行扭曲变形,如图8-44所示。
05 → 选择文字后,执行菜单中的"对象">"路径">"偏移路径"命令,打开"偏移路径"对话框,参数设置如图8-45所示。
06 → 设置完毕后单击"确定"按钮,将填充设置为白色、描边设置为绿色,效果如图8-46所示。

图8-44　变形文字　　　　　图8-45　"偏移路径"对话框　　　　　图8-46　填充偏移

07 → 使用 (椭圆工具)在文字边缘绘制白色云朵并改变顺序,效果如图8-47所示。
08 → 执行菜单中的"窗口">"符号库">"绚丽矢量包"命令,打开"绚丽矢量包"面板,选择其中的矢量图,将其拖动至文档中,效果如图8-48所示。
09 → 执行菜单中的"对象">"扩展"命令,将符号转换为矢量图,为其填充与草地一样的渐变色,效果如图8-49所示。

图8-47　绘制云朵　　　　　图8-48　插入符号　　　　　图8-49　填充渐变

10 → 将矢量图缩小,移动至相应位置,镜像复制一个副本,移动至相应位置,效果如图8-50所示。
11 → 执行菜单中的"窗口">"符号库">"徽标元素"命令,打开"徽标元素"面板,选择其中的飞机，将其拖动至文档中，效果如图8-51所示。

图8-50　调整大小并复制　　　　　　图8-51　插入符号

12 → 调整图形的大小与位置，完成本例制作，最终效果如图8-52所示。

图8-52　最终效果

案例44　夜

教学视频

本案例的目的是让读者掌握在Illustrator中使用各个工具和命令制作"夜"插画的方法，图8-53为该插画的绘制流程图。

图8-53　绘制流程图

案例	重点

- 渐变填充
- 内发光
- 外发光
- 置入素材
- 绘制形状
- 混合模式

案例	步骤

制作插画背景

01 → 执行菜单中的"文件">"新建"命令，新建一个空白文档。使用▢(矩形工具)在文档中绘制一个"宽度"为260mm、"高度"为195mm的矩形，如图8-54所示。

02 → 矩形绘制完毕后并选中，在"渐变"面板中设置渐变色，参数设置如图8-55所示。

图8-54 绘制矩形

图8-55 渐变填充

从左向右的颜色依次为(C:76 M:100 Y:24 K:0)、(C:7 M:82 Y:0 K:0)

03 → 使用▢(渐变工具)调整渐变色的位置，至此背景部分制作完毕，效果如图8-56所示。

制作月亮部分

01 → 选择◯(椭圆工具)，按住Shift键在背景上绘制一个"宽"与"高"均为170mm的白色正圆，效果如图8-57所示。

图8-56 改变渐变位置

图8-57 绘制白色正圆

02 → 执行菜单中的"效果">"风格化">"内发光"命令，打开"内发光"对话框，参数设置如图8-58所示。

03 → 设置完毕后单击"确定"按钮,效果如图8-59所示。

图8-58 "内发光"对话框　　　　　　图8-59 内发光效果

04 → 执行菜单中的"效果">"风格化">"外发光"命令,打开"外发光"对话框,参数设置如图8-60所示。

05 → 设置完毕后单击"确定"按钮,效果如图8-61所示。

图8-60 "外发光"对话框　　　　　　图8-61 外发光效果

06 → 置入附赠资源中的"素材\第8章\圆"素材,单击属性栏中的"嵌入"按钮,将素材嵌入文档中,如图8-62所示。

07 → 设置素材"宽"与"高"为170mm,将其移动至与正圆相重叠的位置,设置"混合模式"为"颜色加深"、"不透明度"为25%,此时月亮部分制作完毕,效果如图8-63所示。

图8-62 置入素材

图8-63 调整大小与设置混合模式

制作云彩与星星部分

01→ 置入附赠资源中的"素材\第8章\云"素材,单击属性栏中的"嵌入"按钮,将素材嵌入文档中,拖动控制点调整大小,如图8-64所示。

02→ 设置"混合模式"为"柔光"、"不透明度"为40%,效果如图8-65所示。

图8-64 置入素材

图8-65 设置混合模式与不透明度

03→ 将"描边色"设置为白色,"描边粗细"设置为0.5pt,使用 (画笔工具)在天空处绘制圆点,如图8-66所示。

04→ 将绘制的星星一同选中,设置"不透明度"为50%,此时云彩与星星绘制完毕,效果如图8-67所示。

图8-66 绘制白色圆点

图8-67 星星

制作古堡

01→ 使用 (钢笔工具)绘制黑色古堡形状,效果如图8-68所示。

02→ 使用 (圆角矩形工具)在古堡上端绘制圆角矩形窗口,如图8-69所示。

03→ 将圆角矩形一同选中后,在"路径查找器"面板中单击"联集"按钮,效果如图8-70所示。

04→ 选择圆角矩形绘制的窗口,执行菜单中的"效果">"风格化">"内发光"命令,打开"内发光"对话框,参数设置如图8-71所示。

05→ 设置完毕后单击"确定"按钮,效果如图8-72所示。

图8-68 绘制古堡

图8-69 绘制圆角矩形窗口

图8-70 联集

图8-71 "内发光"对话框

06 → 执行菜单中的"效果">"风格化">"外发光"命令，打开"外发光"对话框，参数设置如图8-73所示。

图8-72 内发光效果

图8-73 "外发光"对话框

07 → 设置完毕后单击"确定"按钮，效果如图8-74所示。

08 → 将圆角矩形与古堡图形一同选中，按快捷键Ctrl+G将其编组，再在背景右下角处绘制一个矩形，将矩形与古堡图形一同选中，效果如图8-75所示。

图8-74 外发光效果

图8-75 编组并绘制矩形

第8章 插画设计

09→ 执行菜单中的"对象">"剪贴蒙版">"建立"命令,创建剪贴蒙版,效果如图8-76所示。

10→ 执行菜单中的"对象">"剪贴蒙版">"编辑内容"命令,进入编辑状态,将其中的古堡向右下角移动并进行旋转,此时古堡制作完毕,效果如图8-77所示。

制作树与草丛

01→ 打开附赠资源中的"素材\第8章\树"素材,将其复制到当前文档中,将颜色填充为黑色,效果如图8-78所示。

图8-76 剪贴蒙版

图8-77 编辑剪贴蒙版

02→ 置入附赠资源中的"素材\第8章\草"素材,将其置入后单击"嵌入"按钮,调整大小,效果如图8-79所示。

图8-78 将树填充黑色　　　　　图8-79 嵌入

03→ 设置"混合模式"为"变暗",完成树与草丛的制作,效果如图8-80所示。

图8-80 树与草丛

制作猫头鹰

01 → 使用◯(椭圆工具)绘制黑色椭圆作为头部,如图8-81所示。

02 → 在椭圆下面再绘制一个黑色椭圆,效果如图8-82所示。

图8-81 绘制椭圆1

图8-82 绘制椭圆2

03 → 使用▷(直接选择工具)将下面椭圆的顶点向上拖动,调整形状,效果如图8-83所示。

04 → 使用◯(椭圆工具)在两个椭圆之间绘制白色与黑色正圆,将其作为眼睛,如图8-84所示。

05 → 使用同样的方法绘制另一只眼睛,效果如图8-85所示。

06 → 使用◯(多边形工具)在眼睛下面绘制白色三角形作为嘴巴,效果如图8-86所示。

图8-83 调整形状

图8-84 绘制眼睛1

图8-85 绘制眼睛2

图8-86 绘制嘴巴

07 → 使用 ◯(多边形工具)在头部绘制黑色三角形作为耳朵，效果如图8-87所示。

08 → 使用 ▷(直接选择工具)结合 ▷(锚点工具)调整耳朵的形状，效果如图8-88所示。

图8-87 绘制耳朵

图8-88 调整形状

09 → 使用 ◈(镜像工具)镜像复制耳朵图形，效果如图8-89所示。

10 → 使用 ▢(圆角矩形工具)绘制猫头鹰的腿，效果如图8-90所示。

图8-89 复制耳朵

图8-90 绘制腿

11 → 复制两个猫头鹰副本，将猫头鹰进行缩放调整后移动至相应位置，至此本例制作完毕，最终效果如图8-91所示。

图8-91 最终效果

本章练习

练习

绘制一个与动物有关的卡通插画，要求大小为260mm×195mm，自己选择一个适合的卡通形象作为主体，绘制与之相对应的插画效果。

第9章 广告设计

广告设计是指从创意到制作的这个中间过程，是广告的主题、创意、文字、形象、衬托五个要素构成的组合安排，其最终目的就是通过广告来达到吸引人们注意的目的。本章精心制作了啤酒广告和手机广告两个案例，通过案例形式来展现广告设计的相关知识。

广告设计的主要特征是以图像、图形、文字、色彩、版面等表达广告的元素，结合广告媒体的使用特点，在计算机上通过相关设计软件为实现广告目的和意图进行平面艺术创意设计。

广告设计的3I要求

Impact(冲击力)

从视觉表现的角度来衡量，视觉效果是吸引受众并用他们喜欢的语言来传达信息。一则成功的平面广告在画面上应该有非常强的吸引力，例如科学运用、合理搭配色彩、准确运用图片等。

Information(信息内容)

一则成功的平面广告是通过简单、清晰的信息内容准确传递利益要点。广告信息内容要能够系统化地融合消费者的需求点、利益点和支持点等沟通要素。

Image(品牌形象)

从品牌的定位策略高度来衡量，一则成功的平面广告画面应该符合稳定、统一的品牌个性，符合品牌定位策略；在同一宣传主题下面的不同广告版本，其创作表现的风格和整体表现应该能够保持一致和连贯性。

广告设计形式

广告设计包括所有的广告形式，如二维广告、三维广告、媒体广告、展示广告等诸多广告形式。

广告的载体，主要有报刊、广播、电视、电影、路牌、橱窗、印刷品、霓虹灯等。

广告设计分类

广告设计一般根据传播媒介、投放地点、广告内容、广告目的、表现形式、广告阶段性等分类。

广告设计要求

若从空间概念界定，平面广告泛指现有的以长、宽两维形态传达视觉信息的各种广告；若从制作方式界定，可分为印刷类、非印刷类和光电类三种形态；若从使用场所界定，又可分为户外、户内及可携带式三种形态；若从设计的角度来看，包含文案、图形、线条、色彩、编排等要素。平面广告因为传达信息简洁明了，能瞬间吸引人们注意，从而成为广告的主要表现手段之一。

广告设计欣赏

图9-1为广告设计效果。

图9-1 部分作品效果

案例45 啤酒广告

教学视频

本案例的目的是让读者了解在Illustrator中使用各个工具和命令相结合制作啤酒广告的方法，图9-2为该广告的绘制流程图。

图9-2 绘制流程图

案例 重点

- 渐变填充
- 混合模式与不透明度
- 粗糙化
- 插入符号
- 内发光
- 符号着色
- 外发光
- 扩展

案例 步骤

制作背景

01 → 执行菜单中的"文件">"新建"命令，新建一个空白文档。使用▢(矩形工具)在文档中绘制一个"宽度"为260mm、"高度"为195mm的矩形，如图9-3所示。

02 → 选择矩形，在"渐变"面板中设置渐变色参数，然后使用▢(渐变工具)调整渐变位置和大小，如图9-4所示。

图9-3 绘制矩形　　　　　　　　　　　图9-4 渐变填充

03 → 选择◯(椭圆工具)，按住Shift键在渐变处绘制一个白色正圆，如图9-5所示。

04 → 执行菜单中的"效果">"扭曲和变换">"粗糙化"命令，打开"粗糙化"对话框，参数设置如图9-6所示。

05 → 设置完毕后单击"确定"按钮，效果如图9-7所示。

图9-5 绘制正圆　　　　图9-6 "粗糙化"对话框　　　图9-7 粗糙化效果

06 → 执行菜单中的"效果">"模糊">"高斯模糊"命令，打开"高斯模糊"对话框，参数设置如图9-8所示。

07 → 设置完毕后单击"确定"按钮，设置"混合模式"为"叠加"、"不透明度"为40%，此时背景制作完毕，效果如图9-9所示。

图9-8 "高斯模糊"对话框

制作广告区域

01 → 执行菜单中的"窗口">"符号库">"污点矢量包"命令，打开"污点矢量包"面板，选择其中的污点，将其拖动至文档中，如图9-10所示。

02 → 执行菜单中的"对象">"扩展"命令,打开"扩展"对话框,直接单击"确定"按钮,将符号转换为矢量图,设置"不透明度"为50%,如图9-11所示。

03 → 在"污点矢量包"面板中选择另外两个污点矢量图,应用"扩展"命令后,将污点填充为白色,如图9-12所示。

04 → 执行菜单中的"窗口">"符号库">"绚丽矢量包"命令,打开"绚丽矢量包"面板,选择其中的符号,将其拖动至文档中,效果如图9-13所示。

图9-9 应用高斯模糊并调整混合模式

图9-10 插入符号　　　　图9-11 扩展后调整不透明度

图9-12 拖入矢量图扩展后填充白色　　　图9-13 插入符号

05 → 将插入的符号应用"扩展"命令,再在"渐变"面板中设置渐变色,效果如图9-14所示。

06 → 执行菜单中的"效果">"风格化">"外发光"命令,打开"外发光"对话框,参数设置如图9-15所示。

图9-14 渐变色　　　　　图9-15 "外发光"对话框

07 → 设置完毕后单击"确定"按钮,使用(镜像工具)镜像复制一个副本,效果如图9-16所示。

08 → 置入附赠资源中的"素材\第9章\啤酒"素材,单击"嵌入"按钮,调整大小并移动至相应位置,如图9-17所示。

09 → 置入附赠资源中的"蝴蝶"素材,效果如图9-18所示。

图9-16 应用外发光并镜像复制　　图9-17 置入啤酒素材　　图9-18 置入蝴蝶素材

10 → 执行菜单中的"窗口">"符号库">"花朵"命令，打开"花朵"面板，选择其中的多个花朵，将其拖动至文档中，效果如图9-19所示。

11 → 执行菜单中的"窗口">"符号库">"照亮丝带"命令，打开"照亮丝带"面板，选择其中的丝带，将其拖动至文档中，效果如图9-20所示。

12 → 将填充设置为红色，使用 (符号着色器工具)在符号上单击为其填充红色，效果如图9-21所示。

图9-19 插入花朵符号　　　　　图9-20 插入符号　　　　　　图9-21 为符号填色

13 → 使用 (钢笔工具)绘制围绕瓶子的路径，如图9-22所示。

14 → 使用 (宽度工具)将绘制的路径调整得宽一些，如图9-23所示。

15 → 执行菜单中的"效果">"风格化">"外发光"命令，打开"外发光"对话框，参数设置如图9-24所示。

图9-22 绘制路径　　　　图9-23 应用宽度工具调整路径　　图9-24 "外发光"对话框

16 → 设置完毕后单击"确定"按钮，效果如图9-25所示。

17 → 执行菜单中的"效果">"风格化">"内发光"命令，打开"内发光"对话框，参数设置如图9-26所示。

18 → 设置完毕后单击"确定"按钮，效果如图9-27所示。

图9-25　外发光效果

图9-26　"内发光"对话框

图9-27　内发光效果

19 → 使用 (钢笔工具)绘制路径，如图9-28所示。

20 → 将路径与绕瓶发光路径一同选中，执行菜单中的"对象">"剪贴蒙版">"建立"命令，此时广告区域制作完毕，效果如图9-29所示。

图9-28　绘制路径

图9-29　剪贴蒙版

制作衬托部分

01 → 执行菜单中的"窗口">"符号库">"绚丽矢量包"命令，打开"绚丽矢量包"面板，选择其中的符号，将其拖动至文档中，再为其应用"扩展"命令，效果如图9-30所示。

02 → 设置"混合模式"为"差值"、"不透明度"为30%，效果如图9-31所示。

03 → 使用(镜像工具)镜像复制一个副本，调整大小并改变位置，效果如图9-32所示。

图9-30　插入符号应用扩展

图9-31　设置混合模式

图9-32　镜像复制

04 → 置入附赠资源中的"花纹"素材，设置"不透明度"为20%，效果如图9-33所示。

05 → 使用(文字工具)输入文字，并置入附赠资源中的"啤酒"和"酒标"素材，如图9-34所示。

06 → 在酒标上绘制一个正圆，将酒标与正圆一同选中，执行菜单中的"对象">"剪贴蒙版">"建立"命令，效果如图9-35所示。

图9-33 设置不透明度

图9-34 输入文字

图9-35 剪贴蒙版

07 → 使用 (钢笔工具)绘制两个封闭路径，效果如图9-36所示。

08 → 使用 (区域文字工具)在路径内输入英文beer，效果如图9-37所示。

09 → 执行菜单中的"文字">"创建轮廓"命令，将文字转换为矢量图，按快捷键Ctrl+Shift+G取消编组，将中间的字母O删除，效果如图9-38所示。

图9-36 绘制路径

图9-37 输入文字

图9-38 删除一个字母

10 → 复制酒标，将其移动至删除字母的位置，效果如图9-39所示。

11 → 在"绚丽矢量包"面板中选择一个符号，将其拖动至文档中并调整大小，效果如图9-40所示。

图9-39 移动酒标

图9-40 插入符号

12 → 使用 (文字工具)输入一些说明文字，完成本例的制作，最终效果如图9-41所示。

第9章 广告设计

图9-41　最终效果

案例46　手机广告

教学视频

　　本案例的目的是让读者了解在Illustrator中使用各个工具和命令相结合制作手机广告的方法，图9-42为手机广告的绘制流程图。

图9-42　绘制流程图

案例重点

- 设置大小
- 调整不透明度
- 使用钢笔工具绘制路径并进行描边
- 添加蒙版
- 置入素材并添加外发光效果
- 创建轮廓
- 旋转扭曲变形文字

151

案例 步骤

制作背景

01 执行菜单中的"文件">"新建"命令，新建一个空白文档。置入附赠资源中的"跃"素材，单击"嵌入"按钮，调整"宽度"为260mm、"高度"为162.5mm，如图9-43所示。

02 使用▢(矩形工具)绘制一个大小与素材一致的矩形轮廓，将描边色设置为白色，描边宽度设置为8pt，效果如图9-44所示。

图9-43 置入素材

图9-44 绘制矩形

03 执行菜单中的"对象">"路径">"轮廓化描边"命令，将轮廓转换为填充，效果如图9-45所示。

04 为填充设置轮廓，将描边色设置为黑色，描边宽度设置为2pt，至此背景部分制作完毕，效果如图9-46所示。

图9-45 转换轮廓为填充

图9-46 背景部分

制作手机部分效果

01 置入附赠资源中的"手机"素材，单击"嵌入"按钮，将手机移动至左下角，调整大小并进行相应旋转，效果如图9-47所示。

02 使用✏(钢笔工具)在手机左下角绘制黑色形状，如图9-48所示。

图9-47 置入素材

图9-48 绘制黑色形状

03 → 执行菜单中的"效果">"模糊">"高斯模糊"命令,打开"高斯模糊"对话框,参数设置如图9-49所示。

04 → 设置完毕后单击"确定"按钮,效果如图9-50所示。

05 → 设置"不透明度"为40%,按快捷键Ctrl+[将黑影调整至手机的后面,效果如图9-51所示。

图9-49 "高斯模糊"对话框

图9-50 模糊效果

图9-51 设置不透明度并调整顺序

06 → 打开附赠资源中的"草蔓"素材并选中,按快捷键Ctrl+C复制,切换到手机广告文档中,按快捷键Ctrl+V粘贴,将草蔓粘贴到当前文档中后,调整大小并进行旋转,效果如图9-52所示。

07 → 复制两个副本,填充为绿色和青色两种颜色,此时手机部分制作完毕,效果如图9-53所示。

图9-52 移入素材

图9-53 为副本填色

制作修饰部分效果

01 → 执行菜单中的"窗口">"画笔库">"装饰">"装饰_散布"命令,打开"装饰_散布"面板,选择"气泡"图标后,使用 (画笔工具)绘制气泡画笔,效果如图9-54所示。

02 → 使用 (钢笔工具)在人物与手机之间绘制路径,如图9-55所示。

图9-54 绘制气泡

图9-55 绘制路径

03➔ 在"装饰_散布"面板中单击"五彩纸屑"图标,使用五彩纸屑对路径进行描边,效果如图9-56所示。

04➔ 设置描边宽度为0.5pt,效果如图9-57所示。

图9-56 描边路径　　　　　　　　　　　图9-57 设置描边宽度

05➔ 执行菜单中的"窗口">"透明度"命令,打开"透明度"面板,单击"制作蒙版"按钮,进入蒙版状态后,选择"蒙版"缩略图,使用 (钢笔工具)在人物腿上绘制黑色形状,效果如图9-58所示。

图9-58 创建蒙版

06➔ 创建蒙版后会产生一种路径围绕人物的感觉,效果如图9-59所示。

07➔ 使用同样的方法制作另一条"点环"围绕效果,如图9-60所示。

图9-59 创建蒙版效果　　　　　　　　　图9-60 围绕效果

08➔ 置入附赠资源"乐器"素材中的一个,调整大小并进行旋转,效果如图9-61所示。

09➔ 执行菜单中的"效果">"风格化">"外发光"命令,打开"外发光"对话框,参数设置如图9-62所示。

10➔ 设置完毕后单击"确定"按钮,效果如图9-63所示。

图9-61 置入素材　　　　图9-62 "外发光"对话框　　　　图9-63 外发光效果

11 → 使用同样的方法,将其他的乐器置入文档中,并为其添加外发光,效果如图9-64所示。

图9-64 置入素材

制作文字部分效果

01 → 使用 T (文字工具)在右上角处输入文字"小手机""大能量",效果如图9-65所示。

02 → 选择下面的文字,执行菜单中的"文字">"创建轮廓"命令,将文字转换为矢量图,效果如图9-66所示。

03 → 选择"大"字,执行菜单中的"窗口">"图形样式库">"涂抹效果"命令,打开"涂抹效果"面板,单击其中的"涂抹2"图标,效果如图9-67所示。

图9-65 输入文字

图9-66 将文字转换为矢量图

图9-67 为矢量文字填充涂抹效果

04 → 使用 (旋转扭曲工具)在"大"字左下角处按住鼠标,将文字旋转扭曲,效果如图9-68所示。

05 → 使用 (旋转扭曲工具)在"量"字右下角处按住鼠标,将文字旋转扭曲,效果如图9-69所示。

06 → 至此本例制作完毕,最终效果如图9-70所示。

图9-68 旋转扭曲1

图9-69 旋转扭曲2

图9-70 最终效果

本章练习

练习

设计一个牛奶产品宣传广告,要求大小为180mm×135mm,设计时要围绕牛奶主题进行。

第10章 书籍装帧设计

在书籍装帧设计中，只有从事整体设计的才能称之为装帧设计或整体设计；只完成封面或版式等部分设计的，称作封面设计或版式设计。本章精心制作了宣传册封面设计和技术类图书封面设计两个案例，通过案例形式来展现书籍装帧设计中封面设计的相关知识。

书籍装帧设计涵盖从书籍文稿到成书出版的整个设计过程，也是完成从书籍形式的平面化到立体化的过程，它包含艺术思维、构思创意和技术手法的系统设计，包括书籍的开本、装帧形式、封面、腰封、字体、版面、色彩、插图，以及纸张材料、印刷、装订及工艺等各个环节的艺术设计。

装帧构成

一般书籍装帧设计的装订技术分为平装和精装两种。

平装是相对于精装而言的，所谓的"平"是指一般、朴素和普通。平装书籍一般采用纸质封面，制作工艺简单，成本较低，如图10-1所示。

精装书籍与平装书籍内页的装订基本相同，但是在装订使用的材料上有很大的区别，一般会使用坚固的材料作为封面，以便更好地保护书页，同时大量使用精美的材料装帧书籍，如封面材料使用羊皮、绒布、漆布、绸缎、亚麻等，如图10-2所示。

图10-2　精装书籍

书籍的结构涉及多个术语，如图10-3所示。下面对此逐一说明。

- 书芯：由扉页、目录、正文等部分构成的阅读主体，这是书中用纸量最大的部分。
- 书封：套在书芯外面起保护和装饰作用的部分，包括封面、封底、勒口和书背。书封通常用较厚的纸，但注意不能在折叠或压槽时开裂。
- 封面：指书封的首页，有书名、作者名、出版社名称，有些书籍还会有简单的宣传语。

图10-1　平装书籍

- 封底：指书封的末页，有条形码、书号、定价等信息。条形码必须印在一个白色的方块上。
- 勒口：指封面或封底在开口处向内折的部分。不是每本书都有勒口，但勒口可以加固开口处的边角，并丰富书封的内容，勒口处常有些内容简介、作者简介、书评等。
- 书脊：指封面和封底相连的地方，这里有书名、作者名、出版社名称或其他信息。
- 压槽：在封面上距离书脊大约1cm处有一条折线，这使读者在打开封面时不会把书芯带起来。
- 腰封：在书封外另套的一层可拆卸的装饰纸，可用铜版纸或特种纸，上面印有宣传语。
- 衬纸：夹在书封和书芯之间的装饰页。
- 插页：一些重要的图标或插图，夹在正文中，或放在正文的前面。
- 扉页：指书芯的首页，至少要有书名、作者名和出版社名称。
- 版权页：一般在扉页背面或书芯的最后一页，记录有关出版的信息。
- 开本：如890mm×1230mm，是指该书的书芯使用全张纸尺寸890mm×1230mm，最终的成品尺寸是32开。
- 字数：指内文的行数乘以每行的字数，是图书的版面字数。
- 版心：指页面中主要内容所在的区域。

图10-3 书籍各部分名称

设计要素

文字

封面上要有简练的文字，主要是书名(包括丛书名、副书名)、作者名和出版社名。这些放在封面上的文字信息，在设计中起着举足轻重的作用，如图10-4所示。

图形

图形包括图片、插图和图案，有写实的，有抽象的，还有写意的，如图10-5所示。

色彩

书籍装帧设计中色彩语言表达的一致性，将发挥色彩的视觉作用。色彩是很容易打动读者的设计语言，虽然每个人对色彩的感觉有所差异，但对色彩的感官认识是有共同之处的。因此，色调的设计要与书籍内容的基本情调相呼应。

构图

构图的形式有垂直、水平、倾斜、曲线、交叉、向心、放射、三角、叠合、边线、散点、底纹等。

图10-4 封面文字

图10-5　封面图形

案例47　宣传册封面设计

教学视频

本案例的目的是让读者了解在Illustrator中使用各个工具和命令相结合制作宣传册封面的方法，图10-6为该封面的绘制流程图。

图10-6　绘制流程图

案例　重点

- 绘制矩形
- 绘制路径
- 混合
- 插入符号
- 渐变填充
- 偏移路径
- 旋转扭曲变形

案例　步骤

制作背景

01 → 执行菜单中的"文件">"新建"命令，新建一个空白文档。使用▭(矩形工具)在文档中绘制一个"宽度"为260mm、"高度"为195mm的矩形，如图10-7所示。

图10-7　"矩形"对话框

02 ➤ 执行菜单中的"视图">"标尺">"显示标尺"命令,在文档中显示标尺或直接按快捷键Ctrl+R,将标尺显示出来,如图10-8所示。

技巧

执行菜单中的"视图">"标尺">"显示标尺"命令,可以显示文档中的标尺,此时"显示标尺"命令会变成"隐藏标尺"命令,执行此命令会将标尺隐藏,按快捷键Ctrl+R可以将标尺在显示与隐藏之间进行转换。

图10-8 显示标尺

03 ➤ 使用▶(选择工具)在左边的标尺上向内部拖动,此时会出现一条辅助线,当到达中心位置时,系统会自动停顿一下,将辅助线停放在中间位置,效果如图10-9所示。

04 ➤ 使用▭(矩形工具)在右面绘制一个矩形,并为其在"渐变"面板中设置渐变色,效果如图10-10所示。

05 ➤ 使用✎(钢笔工具)在文档中绘制路径,如图10-11所示。

06 ➤ 将绘制的两条路径一同选中,执行菜单中的"对象">"混合">"建立"命令,得到图10-12所示的效果。

图10-9 辅助线

07 ➤ 执行菜单中的"对象">"混合">"混合选项"命令,打开"混合选项"对话框,参数设置如图10-13所示。

08 ➤ 设置完毕后单击"确定"按钮,效果如图10-14所示。

09 ➤ 执行菜单中的"窗口">"符号库">"绚丽矢量包"命令,打开"绚丽矢量包"面板,选择其中的一个符号并拖动至文档中,调整大小后,设置"不透明度"为40%,如图10-15所示。

10 ➤ 使用▷◁(镜像工具)将符号进行水平翻转,此时背景部分制作完毕,如图10-16所示。

图10-10 设置渐变

图10-11 绘制路径　　　　　　　图10-12 混合效果

图10-13 "混合选项"对话框　　图10-14 编辑混合效果　　图10-15 插入符号

图10-16 背景

制作宣传册左半部分

01 → 置入附赠资源中的"素材\第10章\天使"素材,单击属性栏中的"嵌入"按钮,将"天使"素材嵌入文档中,调整素材的大小,效果如图10-17所示。

02 → 在"透明度"面板中单击"制作蒙版"按钮,进入蒙版状态,如图10-18所示。

03 → 进入蒙版状态后,使用▭(矩形工具)绘制一个矩形,在"透明度"面板中设置渐变色,效果如图10-19所示。

图10-17 置入素材　　　　　图10-18 添加蒙版

04 → 在"透明度"面板中,勾选"剪切"复选框,将渐变蒙版以外的区域以黑色填充,此时效果如图10-20所示。

图10-19 使用渐变编辑蒙版　　　　　图10-20 蒙版编辑

05 → 使用◯(椭圆工具)在左半部分绘制一个正圆,如图10-21所示。

06 → 在"渐变"面板中为绘制的正圆设置渐变色,再使用▇(渐变工具)调整渐变位置,效果如图10-22所示。

图10-21 绘制正圆　　　　　图10-22 编辑渐变

07 → 按住Alt键移动小球,系统会复制一个副本,将副本进行缩小并改变位置,使用同样的方法复制多个小球,至此左半部分制作完毕,效果如图10-23所示。

图10-23 复制小球

制作宣传册右半部分

01 → 使用▢(矩形工具)绘制一个浅蓝色矩形,如图10-24所示。

02 → 使用 (钢笔工具)在矩形左上角处绘制一个轮廓,如图10-25所示。

图10-24 绘制矩形

图10-25 绘制轮廓

03 → 将轮廓与刚才绘制的浅蓝色矩形一同选中,在"路径查找器"面板中单击"减去顶层"按钮,效果如图10-26所示。

04 → 使用 (钢笔工具)在矩形左面绘制两条轮廓线条,效果如图10-27所示。

图10-26 减去顶层

图10-27 绘制轮廓

05 → 将绘制的两条轮廓线条一同选中,执行菜单中的"对象">"混合">"建立"命令,将线条创建混合效果,双击 (混合工具)按钮,打开"混合选项"对话框,设置参数后得到图10-28所示的效果。

06 → 使用 (矩形工具)绘制一个矩形后,复制两个副本,如图10-29所示。

图10-28 混合效果

图10-29 复制矩形

07 → 使用 (钢笔工具)在最左边矩形的右上角处绘制轮廓,如图10-30所示。

08 → 将轮廓与后面的矩形一同选中,在"路径查找器"面板中单击"减去顶层"按钮,得到图10-31所示的效果。

图10-30 绘制轮廓

图10-31 减去顶层

09 → 置入附赠资源中的"素材\第10章\设计广告"素材,单击"嵌入"按钮,将素材嵌入文档中,按快捷键Ctrl+[多次,将其向后调整顺序,直到调整至矩形后面为止,如图10-32所示。

10 → 将矩形框与素材一同选中,执行菜单中的"对象">"剪贴蒙版">"建立"命令,为素材创建剪贴蒙版,效果如图10-33所示。

图10-32 置入素材

图10-33 剪贴蒙版

11 → 执行菜单中的"对象">"剪贴蒙版">"编辑内容"命令,进入编辑状态,调整图像大小,效果如图10-34所示。

12 → 使用同样的方法,将"旧船"和"溶解"素材置入文档中并进行剪贴蒙版,效果如图10-35所示。

13 → 使用 (直线段工具)绘制直线,再执行菜单中的"窗口">"描边"命令,打开"描边"面板,设置"箭头",效果如图10-36所示。

图10-34 编辑图像

图10-35 剪贴蒙版

图10-36　绘制直线并添加箭头

14 → 使用 T (文字工具)输入文字"作品集",如图10-37所示。

15 → 执行菜单中的"文字">"创建轮廓"命令,将文字转换为矢量图,再使用 (旋转扭曲工具)在文字的左右下角处按住鼠标进行旋转扭曲,或按住Alt键再按下鼠标进行旋转扭曲,如图10-38所示。

图10-37　输入文字

图10-38　旋转扭曲

16 → 执行菜单中的"窗口">"画笔库">"装饰">"装饰_散布"命令,打开"装饰_散布"面板,选择其中的"画笔",将其拖动至文档中,再输入左面的文字,效果如图10-39所示。

17 → 执行菜单中的"窗口">"画笔库">"至尊矢量包"命令,打开"至尊矢量包"面板,选择其中的"翅膀"符号,将其拖动至文档中,再执行菜单中的"对象">"扩展"命令,将符号转换为矢量图,移动位置,效果如图10-40所示。

图10-39　插入画笔

图10-40　插入符号转换为矢量图

18 → 在两个翅膀图形中间输入文字，如图10-41所示。

19 → 选择文字，执行菜单中的"文字">"创建轮廓"命令，选择上面的英文，为其填充渐变色，效果如图10-42所示。

图10-41　输入文字　　　　　　　　　　图10-42　渐变色

20 → 执行菜单中的"对象">"路径">"偏移路径"命令，打开"偏移路径"对话框，参数设置如图10-43所示。

21 → 设置完毕后单击"确定"按钮，将偏移后的区域填充为黑色，效果如图10-44所示。

22 → 使用 ◯(椭圆工具)绘制两个正圆虚线轮廓，效果如图10-45所示。

23 → 选择两个正圆轮廓，执行菜单中的"对象">"混合">"建立"命令，在"混合选项"对话框中设置参数，得到图10-46所示的效果。

图10-43　"偏移路径"对话框　　　　　图10-44　偏移路径效果

图10-45　绘制正圆轮廓　　　　　　　图10-46　混合效果

24 → 设置"不透明度"为30%，效果如图10-47所示。

25 → 至此本例制作完毕，最终效果如图10-48所示。

图10-47 设置不透明度

图10-48 最终效果

案例48 技术类图书封面设计

教学视频

本案例的目的是让读者了解在Illustrator中使用各个工具和命令相结合制作技术类图书封面的方法，图10-49为该封面的绘制流程图。

图10-49 绘制流程图

案例重点

- 剪贴蒙版
- 混合模式与不透明度
- 插入符号
- 扩展符号为矢量图

案例 步骤

制作封面背景图像合成

01 → 执行菜单中的"文件">"新建"命令，新建一个空白文档。使用 ▢(矩形工具)在文档中绘制一个"宽"为185mm、"高"为260mm的橘色矩形，如图10-50所示。

02 → 置入附赠资源中的"素材\第10章\背景"素材，单击"嵌入"按钮，将素材嵌入文档中，如图10-51所示。

03 → 在属性栏中单击"约束宽度与高度比例"按钮，设置"高"为260mm，效果如图10-52所示。

图10-50　绘制矩形　　　　图10-51　置入素材　　　　图10-52　调整大小

04 → 使用 ▢(矩形工具)在素材上面绘制一个"宽"为185mm、"高"为260mm的矩形，将矩形与素材一同选中，执行菜单中的"对象">"剪贴蒙版">"建立"命令，将素材创建矩形剪贴蒙版，效果如图10-53所示。

05 → 选择剪贴蒙版后的区域，在"透明度"面板中设置"混合模式"为"明度"、"不透明度"为50%，此时背景部分制作完毕，效果如图10-54所示。

制作封面图像部分

图10-53　剪贴蒙版　　　　图10-54　背景部分

01 → 在背景上使用 ▢(矩形工具)绘制一个矩形，在"渐变"面板中设置从黑色到白色再到黑色的线性渐变，效果如图10-55所示。

02 → 在"透明度"面板中设置"混合模式"为"叠加"，效果如图10-56所示。

03 → 打开附赠资源中的"素材\第10章\树"素材，选择其中的图形，将其复制到当前文档中，调整大小并改变位置，效果如图10-57所示。

图10-55　渐变

167

04 → 使用 ◢(直线段工具)在树叶处绘制橘色垂直直线,如图10-58所示。

图10-56　混合模式　　　　　　图10-57　移入素材　　　　　　图10-58　绘制直线

05 → 置入附赠资源中的"素材\第10章\旧船"素材,单击"嵌入"按钮,将素材嵌入文档中,如图10-59所示。

06 → 使用 ☆(星形工具)绘制一个五角星,效果如图10-60所示。

07 → 将星形与素材一同选中,执行菜单中的"对象">"剪贴蒙版">"建立"命令,为素材创建剪贴蒙版,效果如图10-61所示。

图10-59　嵌入素材　　　　　　图10-60　星形　　　　　　图10-61　剪贴蒙版

08 → 将星形边框设置为橘色,执行菜单中的"对象">"剪贴蒙版">"编辑内容"命令,进入编辑状态,调整图像大小,效果如图10-62所示。

09 → 执行菜单中的"效果">"风格化">"外发光"命令,打开"外发光"对话框,参数设置如图10-63所示。

10 → 设置完毕后单击"确定"按钮,效果如图10-64所示。

图10-62　编辑　　　　　　图10-63　"外发光"对话框　　　　　　图10-64　外发光

11 → 使用同样的方法制作另外几个星形,此时封面图像部分制作完毕,效果如图10-65所示。

制作封面顶部

01 → 使用▣(圆角矩形工具)绘制一个橘色圆角矩形，再使用╱(直线段工具)绘制一条黑色线条，如图10-66所示。

02 → 使用Ｔ(文字工具)输入不同颜色的文字，效果如图10-67所示。

图10-65　封面图像部分

图10-66　绘制圆角矩形和直线

图10-67　输入文字

03 → 使用Ｔ(文字工具)选择喜欢的文字字体，在封面顶部输入书名，效果如图10-68所示。

04 → 使用▣(圆角矩形工具)绘制一个白色圆角矩形，再使用Ｔ(文字工具)输入作者名字，此时封面顶部制作完毕，效果如图10-69所示。

图10-68　输入书名　　　　　图10-69　绘制圆角矩形并输入文字

制作封面底部

01 → 使用▢(矩形工具)绘制一个白色矩形，设置"不透明度"为50%，效果如图10-70所示。

02 → 置入附赠资源中的"素材\第10章\光盘"素材，单击"嵌入"按钮将素材嵌入文档中，效果如图10-71所示。

图10-70　绘制矩形　　　　　图10-71　置入素材

03 → 使用 T(文字工具)输入说明文字,效果如图10-72所示。

04 → 使用 □(圆角矩形工具)绘制一个白色圆角矩形,再使用 T(文字工具)输入出版社名称,效果如图10-73所示。

图10-72 输入文字

图10-73 绘制圆角矩形和输入文字

05 → 在"符号"面板中选择"丝带"符号,将其拖入文档中,效果如图10-74所示。

06 → 执行菜单中的"对象">"扩展"命令,将符号转换为矢量图,将"填充"设置为白色,效果如图10-75所示。

图10-74 插入符号

图10-75 转换符号为矢量图

07 → 此时封面底部制作完毕,效果如图10-76所示。

制作封面修饰部分

01 → 在4个角位置绘制橘色矩形,再分别在顶部和底部绘制橘色线条,如图10-77所示。

图10-76 封面底部

图10-77 修饰

02 → 在顶部输入白色丛书名称,至此本例制作完毕,效果如图10-78所示。

第10章　书籍装帧设计

图10-78　最终效果1

 在制作的过程中更改颜色色调，可以得到另一种封面效果，如图10-79所示。

图10-79　最终效果2

本章练习

> **练 习**
>
> 为自己喜欢的图书设计封面和封底。

第11章 网页设计

网页设计主要是设计页面的布局,也就是使各种网页构成要素(如文字、图像、图表、菜单等)在网页浏览器中有效地排列。本章精心制作了汽车网页界面设计和学校网页界面设计两个案例,通过案例形式来展现网页界面设计的相关知识。

在设计网页页面时,需要从整体上把握好各种要素的布局,利用好表格或网格进行辅助设计。只有充分地利用、有效地分割有限的页面空间,或创造出新的空间,并使其布局合理,才能制作出好的网页。

网页设计中的布局分类形式

设计网页页面时常用的版式有单页和分栏两种,在设计时需要根据不同的网站性质和页面内容选择合适的布局形式,根据不同的页面布局形式,可以将常见的网页分为以下几种类型。

图11-1 "国"字形网页

- "国"字形:这种结构是网页上使用最多的一种结构类型,是综合性网站常用的版式,即最上面是网站的标题和横幅广告条;接下来是网站的主要内容,左右分列小条内容,通常情况下,左侧是主菜单,右侧放友情链接等次要内容,中间是主要内容,与左右一起罗列到底;最底端是网站的一些基本信息、联系方式、版权声明等。如图11-1所示,这种版面的优点是页面饱满、内容丰富、信息量大;缺点是页面拥挤、不够灵活。

- 拐角型:又称T字形布局,这种结构与上一种相比只是形式上有区别,其实是很相近的,就是网页上边和左右两侧相结合的布局,通常右侧为主要内容,比例较大。在实际运用中,还可以改变T字形布局的形式,如左右两栏式布局,一半是正文,另一半是形象的图像或导航栏。如图11-2所示,这种版面的优点是页面结构清晰、主次分明,易于使用;缺点是较呆板,如果色彩细节上不到位,很容易让人"看之无味"。

第11章 网页设计

图11-2 拐角型网页

- 标题正文型：这种类型即上面是标题，下面是正文，一些文章页面或注册页面多属于此类型，如图11-3所示。

图11-3 标题正文型网页

- 左右框架型：这是一种分为左右布局的网页，页面结构非常清晰，一目了然，如图11-4所示。

图11-4 左右框架型网页

- 上下框架型：与左右框架型类似，区别在于上下框架型是一种将页面分为上下结构布局的网页，如图11-5所示。

图11-5 上下框架型网页

- 综合框架型：这是一种将左右框架型与上下框架型相结合的网页结构布局方式，如图11-6所示。

图11-6 综合框架型网页

- 封面型：这种类型的页面设计一般很精美，通常出现在时尚类网站、企业网站或个人网站的首页，其优点是简洁、美观，比较吸引人；缺点是可能影响其显示速度，如图11-7所示。

图11-7 封面型网页

- Flash型：这是目前流行的一种页面形

173

式，由于Flash动画功能强大，因此页面所表达的信息更加丰富，且视觉效果出众，如图11-8所示。

图11-8　Flash型网页

的观众。在设计时可以依据如下几条原则。
- 根据网页主题内容确定版面结构。
- 有共性，才有统一；有细节区别，就有层次，做到主次分明，中心突出。
- 防止设计与实现过程中的偏差，不要定死具体要放多少条信息。
- 设计的部分要配合整体风格，不仅页面上各项设计要统一，而且网站的各级别页面也要统一。
- 页面要"透气"，就是信息不要太过集中，以免文字编排太紧密，可适当留一些空白。但要根据平面设计原理进行设计，如分栏式结构就不宜留白。
- 图文并茂，相得益彰。注重文字和图片的互补视觉关系，相互衬托，增加页面的活跃性。
- 充分利用线条和形状，增强页面的艺术魅力。
- 要考虑到浏览器上部占用的屏幕空间，防止图片截断等影响视觉效果。

在设计网页时，要依据平面设计的基本原理，巧妙安排构成要素，进行页面形式结构的设计，要求主题鲜明、布局合理、图文并茂、色彩和谐统一，并能够体现独创性和艺术性。

网页的设计要求

网页页面设计通过文字与图像的空间组合，表达出和谐与美感。在设计过程中一定要根据内容的需要，合理地将各类元素按次序编排，使它们组成一个有机的整体，展现给广大

案例49　汽车网页界面设计

教学视频

本案例的目的是让读者了解在Illustrator中使用各个工具和命令相结合制作汽车网页界面的方法，图11-9为其绘制流程图。

图11-9　绘制流程图

第11章 网页设计

案例 重点
- 使用矩形工具
- 添加投影
- 使用钢笔工具
- 设置不透明度
- 高斯模糊
- 网页布局设计

案例 步骤

制作背景

01→ 执行菜单中的"文件">"新建"命令，新建一个空白文档。使用▢(矩形工具)在文档中绘制矩形并在矩形内绘制小矩形，设计整体的网页布局模式，如图11-10所示。

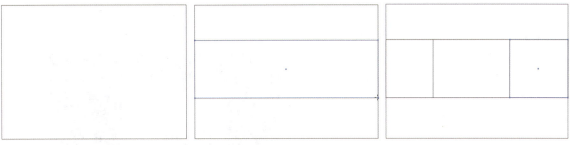

图11-10 绘制矩形以制作网页布局模式

02→ 布局模式设置完毕后，开始按照布局制作整体的网页效果，首先制作网页的背景部分，使用▢(矩形工具)在文档中绘制一个"宽度"为290mm、"高度"为220mm的矩形，将填充色设置为(C:60 M:43 Y:69 K:1)，如图11-11所示。

03→ 使用▢(矩形工具)在中间部分绘制矩形，设置填充色为(C:31 M:26 Y:35 K:0)，如图11-12所示。

04→ 使用▢(矩形工具)在中间区域绘制3个高度一致的矩形，颜色分别为绿色、白色和深灰色，此时背景部分制作完毕，效果如图11-13所示。

图11-11 绘制矩形1

图11-12 绘制矩形2

图11-13 绘制不同颜色的矩形

制作中间汽车主体部分

01→ 置入附赠资源中的"素材\第11章\老爷车"素材，置入背景上面之后移动至相应位置，如图11-14所示。

02→ 使用✎(钢笔工具)在汽车中部以下位置绘制黑色形状，如图11-15所示。

03→ 执行菜单中的"效果">"模糊">"高斯模糊"命令，打开"高斯模糊"对话框，参数设置如图11-16所示。

图11-14 置入素材

图11-15 绘制黑色形状

04 → 设置完毕后单击"确定"按钮,效果如图11-17所示。

图11-16 "高斯模糊"对话框

图11-17 模糊效果

05 → 设置模糊后黑色形状的"不透明度"为60%,效果如图11-18所示。

06 → 执行菜单中的"对象">"排列">"后移一层"命令,或按快捷键Ctrl+[,此时阴影区域制作完毕,效果如图11-19所示。

图11-18 设置不透明度

图11-19 阴影区域

07 → 执行菜单中的"窗口">"符号库">"网页图标"命令,打开"网页图标"面板,选择其中的一个符号,将其拖动至汽车下面,调整大小,设置"不透明度"为50%,效果如图11-20所示。

08 → 使用 T (文字工具)输入文字并调整不透明度,完成其中主体部分的制作,效果如图11-21所示。

图11-20　插入符号调整大小并设置不透明度

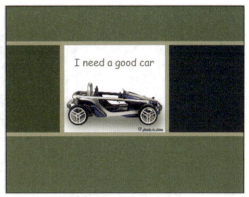
图11-21　汽车主体部分

制作左面导航区域部分

01 → 使用 ▭(矩形工具)绘制矩形，并使用矩形拼成正方形区域，效果如图11-22所示。

图11-22　绘制矩形

02 → 将水平矩形一同选中，单击属性栏中的"垂直顶分布"按钮，效果如图11-23所示。

03 → 使用 T (文字工具)输入白色文字，效果如图11-24所示。

11-23　分布效果　　　　　　图11-24　输入文字

04 → 文字输入完毕后，执行菜单中的"效果">"风格化">"投影"命令，打开"投影"对话框，参数设置如图11-25所示。

05 → 设置完毕后单击"确定"按钮，效果如图11-26所示。

06 → 使用同样的方法输入下面的文字并添加投影，效果如图11-27所示。

图11-25 "投影"对话框

图11-26 添加投影

图11-27 为文字添加投影

07 → 在白色文字上面再输入黑色的数字，效果如图11-28所示。

08 → 使用 □(矩形工具)绘制一个白色矩形轮廓，再输入白色文字，此时左面导航区制作完毕，效果如图11-29所示。

图11-28 输入数字

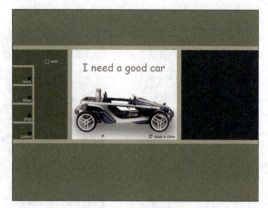
图11-29 导航区

制作右面标志区域部分

01 → 置入附赠资源中的"素材\第11章\滑雪、车标"素材，置入背景后移动至相应位置，如图11-30所示。

02 → 使用 T(文字工具)输入英文字母，如图11-31所示。

图11-30 置入素材

图11-31 输入文字

03 → 单独框选字母，将其第一个字母变大，设置颜色为绿色，至此本例制作完毕，最终效果如图11-32所示。

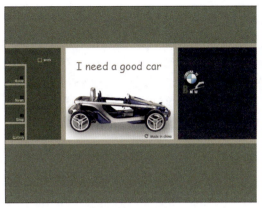

图11-32　最终效果

案例50　学校网页界面设计

教学视频

本案例的目的是让读者了解在Illustrator中使用各个工具和命令相结合制作学校网页界面的方法，图11-33为其绘制流程图。

图11-33　绘制流程图

案例重点

- 使用矩形工具
- 设置直线虚线
- 网页布局设计
- 使用直线段工具
- 外发光
- 使用直接选择工具
- 投影

制作背景

01 → 执行菜单中的"文件">"新建"命令,新建一个空白文档。使用 ▢(矩形工具)、╱(直线段工具)结合 ▷(直接选择工具)在文档中绘制矩形,并在矩形内绘制直线,在上面绘制一个矩形并调整形状,设计整体的网页布局模式,如图11-34所示。

图11-34 绘制矩形以制作网页布局模式

02 → 布局模式设置完毕后,开始按照布局制作整体的网页效果,首先制作网页的背景部分,使用 ▢(矩形工具)在文档中绘制一个"宽度"为250mm、"高度"为158mm的矩形,在内部绘制直线后,将底下的部分绘制矩形,如图11-35所示。

03 → 置入附赠资源中的"素材\第11章\校园"素材,置入素材后调整大小并移动至相应位置,至此背景制作完成,效果如图11-36所示。

图11-35 绘制矩形和线段

制作Logo与导航区域部分

01 → 置入附赠资源中的"素材\第11章\学校标志"素材,将置入的素材移动至左上角,如图11-37所示。

02 → 选择 T(文字工具),在标志后面设置文字大小和字体后输入文字,至此标志区域制作完毕,效果如图11-38所示。

图11-36 背景部分

图11-37 置入标志

图11-38 输入文字

制作内容1区域

01 → 置入附赠资源中的"素材\第11章\项目符号、11-4和11-6"素材,置入素材后移动至相应位置，效果如图11-39所示。

02 → 使用 /(直线段工具)绘制直线，在"描边"面板中设置虚线效果，效果如图11-40所示。

图11-39　置入素材

图11-40　绘制直线

03 → 使用 T(文字工具)在素材下面设置文字大小和字体后输入文字，至此内容1部分制作完毕，效果如图11-41所示。

制作底部说明部分

使用 T(文字工具)输入文字，效果如图11-42所示。

图11-41　输入文字1

图11-42　输入文字2

制作内容2部分

01 → 使用 □(矩形工具)绘制白色矩形，使用 ▷(直接选择工具)对矩形进行调整，效果如图11-43所示。

02 → 执行菜单中的"效果">"风格化">"外发光"命令，打开"外发光"对话框，参数设置如图11-44所示。

图11-43　绘制并调整形状

图11-44　"外发光"对话框

03 → 设置完毕后单击"确定"按钮，效果如图11-45所示。

04 → 执行菜单中的"效果">"风格化">"投影"命令，打开"投影"对话框，参数设置如图11-46所示。

图11-45 外发光效果

图11-46 "投影"对话框

05 → 设置完毕后单击"确定"按钮，效果如图11-47所示。

06 → 使用 (钢笔工具)绘制形状，填充灰色，如图11-48所示。

07 → 使用 (椭圆工具)绘制正圆，填充渐变色，如图11-49所示。

08 → 复制对象，将其进行旋转，效果如图11-50所示。

图11-47 投影效果

图11-48 绘制形状

图11-49 填充渐变

图11-50 复制对象

09 → 置入附赠资源中的"素材\第11章\11-5"素材，置入素材后，将素材移动至相应位置，效果如图11-51所示。

⑩ 在素材下面输入文字并绘制虚线，效果如图11-52所示。

图11-51 置入素材

图11-52 输入文字

⑪ 置入附赠资源中的"素材\第11章\花"素材，将素材移动至相应位置，效果如图11-53所示。

⑫ 在"透明度"面板中单击"制作蒙版"按钮，进入蒙版状态，在蒙版中绘制黑色矩形，效果如图11-54所示。

图11-53 置入并移动素材

图11-54 使用蒙版

⑬ 至此本例制作完毕，最终效果如图11-55所示。

图11-55 最终效果

本章练习

> **练习**
> 1. 收集素材制作一个娱乐网页。
> 2. 收集素材制作一个体育网页。

习题答案

第1章

1. D 2. B 3. D

第2章

1. B 2. C 3. C 4. C 5. D 6. B

第3章

1. A 2. D 3. A 4. B 5. C 6. A B C

第4章

1. B 2. B

第5章

1. B 2. A B 3. A